공동 및 개인주택
정원관리매뉴얼

초판발행 | 2013년 7월 31일
2쇄 발행 | 2015년 2월 23일

지 은 이 | 권영휴 · 김현준 · 이태영
펴 낸 이 | 고명흠
펴 낸 곳 | 푸른행복

출판등록 | 2010년 1월 22일 제312-2010-000007호
주   소 | 경기도 고양시 덕양구 통일로 140(동산동)
            삼송테크노밸리 B동 329호
전   화 | (02)3216-8401 / FAX (02)3216-8404
E-MAIL | munyei21@hanmail.net
홈페이지 | www.munyei.com

ISBN 978-89-93426-90-8 (13520)

※ 본 저서는 농촌진흥청 공동연구사업(과제번호 : PJ907082042011)의
   지원에 의해 이루어진 것입니다.
※ 잘못된 책은 바꾸어 드리겠습니다.
※ 이 도서의 국립중앙도서관 출판시도서목록(CIP)은 서지정보유통지원
   시스템 홈페이지(http://seoji.nl.go.kr)와 국가자료공동목록시스템
   (http://www.nl.go.kr/kolisnet)에서 이용하실 수 있습니다.(CIP제어
   번호: CIP2013008877)

공동 및 개인주택

정원관리 매뉴얼

권영휴 · 김현준 · 이태영 共著

푸른행복

머리말
Preface

　주택은 우리의 삶을 위한 공간으로서 사람들에게 필요한 에너지와 영역을 제공합니다. 또한 그 곳에 살고 있는 사람의 신분과 사회적 지위를 상징하는 의미를 지니기도 합니다. 주택의 공간 중 정원은 단순히 주택에 부속되거나 비워져 있는 공간이 아닌 거주인의 안식처로서, 기능적이고 상징적이며 미적인 기능을 수행하는 곳입니다.

　주택정원은 옥외생활공간으로 거주인에게 자연의 접촉을 가능하게 하고 여가와 레크리에이션 장소로서의 역할을 합니다. 단독주택의 정원이 가족 중심으로 활동이 이루어지는 데 반하여 공동주택의 정원은 이러한 기능 외에 주민들의 공동 이익을 추구하고, 주민들끼리의 친목을 도모하는 등 커뮤니케이션의 장으로서도 중요한 역할을 합니다.

　이상과 같이 삶의 장소로서 주요한 역할을 하고 있는 주택정원은 당초의 계획과 설계 의도 및 주민의 요구, 의식 변화, 행태 등을 반영하여 관리되어야 합니다. 이러한 목표를 위해서는 일상의 이용에서 정원의 기능을 충분히 발휘시키며 이용자들이 쾌적하고 안전하게 이용할 수 있도록 하는 것이 중요합니다.

　주택정원의 유지관리 중 수목의 관리는 정원 본래의 목적을 유지하는 가장 중요한 요소로서, 수목의 기능과 아름다움을 유지하기 위해서는 수목의 생리와 생태적인 특성을 정확히 파악한 상태에서 관리하는 것이 필요합니다. 그러나 우리가 살고 있는 주택정원의 대부분은 비전문가에 의해 관리되어 당초 계획했던 공간이 되지 못하고 시간이 흐름에 따라 황폐화되어가고 있습니다. 최근 서울·경기 지역의 공동주택에 대한 유지·관리 실태를 조사한 결과, 많은 장소들이 비전문가에 의해 유지·관리되고 있었습니다.

　농촌진흥청에서는 이러한 문제점을 인식하고 개인 및 공동주택에 거주하는 주민과 관리자 등 모든 사람들이 정원의 유지·관리를 쉽게 이해하고 적용할 수 있는 『정원관리매뉴얼』을 연구하도록 지원하게 되었습니다. 이 책은 1차 연도 연구결과를 매뉴얼로 펴낸 것을 기본으로 하였습니다. 농촌진흥청의 지원에 깊은 감사를 드립니다.

　이 책은 '수목식재, 전정관리, 시비관리, 제초관리, 관수 및 배수관리, 월동관리, 병충해관리, 비전염성병관리, 잔디관리, 식재공간 변화에 따른 관리'까지 총 10개의 장으로 구성되어 있습니다. 정원관리를 위한 기초이론부터 실제 현장에서 필요한 구체적인 지침까지, 초보자도 쉽게 이해할 수 있도록 그림과 사진을 곁들이며 상세히 설명하였습니다. 아울러 정원관리에 필요한 '용어 해설'을 책의 말미에 부록으로 게재하였습니다.

　이 책을 통해 도시와 농촌에 거주하는 주민들이 자연과 정원을 더 가까이하고 우리가 살고 있는 공간을 쾌적하게 유지할 수 있게 되었으면 하는 바람입니다. 또한 이 책이 농촌과 도시에 거주하는 지역 주민, 주택정원관리자, 도시농업전문가, 도시농업인, 정책입안자 등 많은 분들에게 도움이 되기를 기대합니다.

2013년 7월
연구자 대표 권 영 휴

차례 Contents

◉ 머리말 / 4

제1장 수목식재

01 개요	12
02 수목의 식재 준비	12
03 굴취	16
04 운반	18
05 수목식재	18
06 줄기감기	21
07 지주목 세우기	22
08 기타 관리	29
09 수목 규격	30

제2장 전정관리

01 개요	34
02 전정의 목적	34
03 나무의 수형	35
04 가지의 종류	43
05 가지의 구조	44
06 전정도구	45
07 수목생리와 전정	47
08 전정시기	47
09 전정방법	50

10 전정사례	65
11 해외 전정사례	71

제3장 시비관리

01 개요	76
02 토양관리	76
03 식물의 영양소와 생리기능	84
04 비료의 종류	89
05 비료 주는 방법	96
06 시비시기	103
07 시비량	103

제4장 제초관리

01 개요	106
02 잡초의 특성	106
03 잡초의 분류	106
04 잡초의 종류	108
05 물리적 잡초 방제	117
06 화학적 잡초 방제	120

제5장 관수 및 배수관리
01 개요 … 130
02 관수 … 130
03 배수 … 135

제6장 월동관리
01 개요 … 142
02 월동작업 시기 … 142
03 월동방법 … 142

제7장 병충해관리
01 개요 … 146
02 해충 … 146
03 병해 … 179
04 농약 … 193
05 친환경적 방제 … 197

제8장 비전염성 병관리
01 개요 … 214
02 수목 피해 진단방법 … 214
03 비전염성 병의 종류 … 217

제9장 ◦ 잔디관리

01 개요	228
02 잔디의 종류	228
03 잔디의 종류별 특성	229
04 잔디식재	232
05 관수관리	235
06 잔디 깎기	236
07 시비관리	238
08 제초관리	239
09 병해관리	242

제10장 ◦ 식재공간 변화에 따른 관리

01 개요	248
02 수목 성장에 따른 밀식수목 관리	248
03 수목 성장에 따른 조망차단수목 관리	253
04 수목 하부 식생관리	256
05 고사수목 관리	260

◉ 부록 – 용어 해설 / 265
◉ 참고문헌 / 274

정원관리매뉴얼

Plants Management

제1장

수목식재

01 | 개요

- 식재란 수목을 심는 것을 말하며 굴취, 운반, 수목 앉히기, 흙 채우기, 관수, 지주목 세우기 등 수목의 활착 및 생육에 필요한 모든 작업을 포함한다.
- 식재는 살아 있는 수목을 대상으로 하는 작업이므로 수목의 생태적 조건, 즉 온도, 광선, 수분 요건 등을 충족시켜주어야 한다.

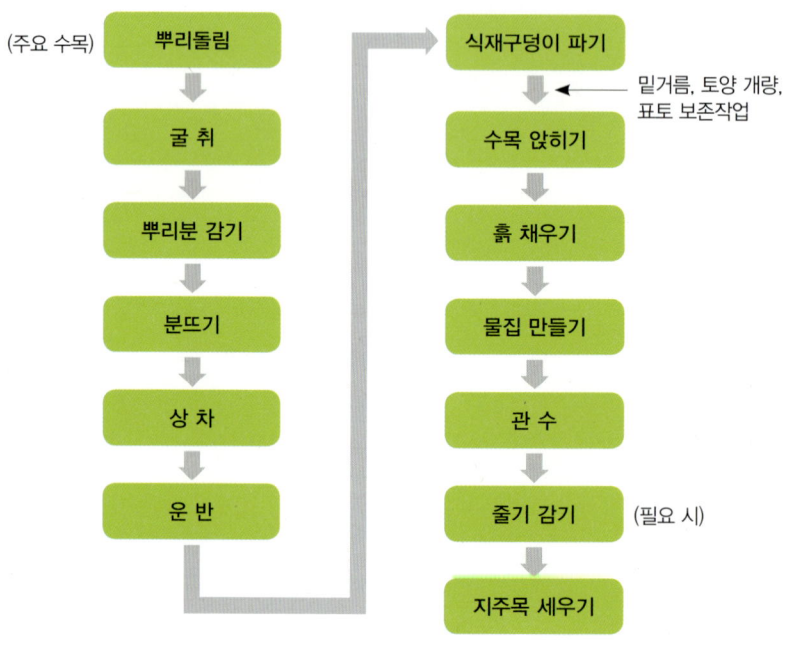

〈식재작업 흐름도〉

02 | 수목의 식재 준비

(1) 식재시기

- 수목의 식재 시기는 지역과 수종에 따라 약간의 차이가 있으나 새잎이 나기 전 이른 봄이나 생장이 정지된 가을이 가장 좋다.
- 봄에 식재를 하면 식재 후 발아와 발육이 빠르므로 금세 생장하는 장점이 있으나 식재 시기가 늦어지면 나무가 이미 생장을 시작해 고사하기 쉽다.
- 가을에 식재하면 수분 스트레스를 적게 받고, 주위의 흙과 뿌리가 완전히 결합하

여 이듬해 수목이 빨리 생장할 수 있으나, 내한성이 약한 나무는 동해를 입기 쉽다.
- 뿌리돌림을 미리 해둔 나무나 컨테이너 재배를 한 나무는 연중 식재가 가능하다.

【지역별 식재적기】

구 분	지 역	식재적기
중북부 지역	경기 북부, 강원	03월 20일~05월 25일 09월 25일~11월 20일
중부 지역	경기 남부, 서울, 인천, 충북, 충남 북부, 경북 북부	03월 10일~05월 20일 10월 01일~11월 30일
남부 지역	동해안, 충남 남부, 대전, 전북, 전남, 광주, 경북 남부, 대구, 경남, 울산	03월 01일~05월 15일 10월 05일~12월 10일
남해안 지역	전남·경남의 해안, 부산 및 도서지구	02월 20일~05월 10일 10월 10일~12월 20일
제주 지역	제주	02월 10일~05월 05일 10월 20일~01월 10일

※자료 : 조경공사표준시방서(2003), p109

(2) 뿌리돌림

뿌리돌림이란 수목을 이식하기 1~2년 전에 굵은 뿌리를 박피하거나 잘라 새로운 잔뿌리가 나도록 촉진시켜 이식 후 활착률을 높이기 위한 방법이다.

1) 대상
- 귀중한 나무로서 안전하게 활착을 바라는 나무
- 노거수
- 쇠약해진 나무
- 이식 시 활착이 불량한 나무
- 잔뿌리가 적은 직근성 나무

2) 적기
- 낙엽수류 : 낙엽 후 10~11월 / 2~3월 해빙기 이후
- 상록수류 : 3~4월

3) 뿌리돌림 분의 크기
- 뿌리돌림을 위한 분의 크기는 근원직경의 3~5배로 하며, 깊이는 세근의 밀도가 현저히 감소된 부위로 한다.
- 뿌리 발생력이 강한 나무는 작게 한다.
- 활엽수는 침엽수보다, 낙엽수는 상록수보다 작게 한다.
- 귀중한 나무는 크게 한다.
- 심근성 수종은 천근성 수종보다 직경은 작고 깊이는 크게 한다.
- 적기에는 작게, 부적기에는 크게 잡는다.
- 뿌리 발생에 불리한 지형과 토양에서는 크게 잡는다.

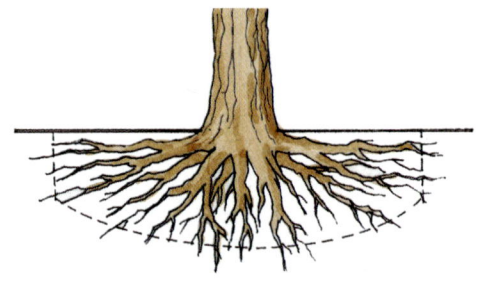

〈천근성 수목의 분〉

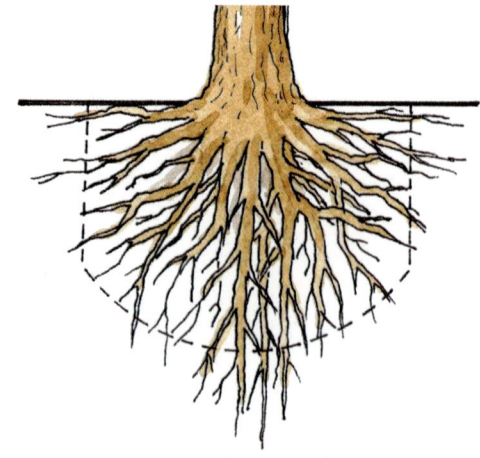

〈심근성 수목의 분〉

4) 수목별 뿌리생육 특징

구분		수목
심근성	침엽수류	곰솔, 리기다소나무, 반송, 비자나무, 삼나무, 소나무, 은행나무, 잣나무, 전나무, 주목, 측백나무, 향나무, 화백
	상록활엽수류	가시나무, 감탕나무, 구실잣밤나무, 굴거리나무, 금목서, 녹나무, 동백나무, 먼나무, 생달나무, 소귀나무, 아왜나무, 은목서, 참식나무, 태산목, 호랑가시나무, 후박나무
	낙엽활엽수류	가중나무, 고로쇠나무, 느티나무, 단풍나무류, 모과나무, 목련, 박달나무, 벽오동, 수양버들, 수양벚나무, 참나무류, 칠엽수, 튤립나무, 팽나무, 호두나무, 회화나무
천근성	침엽수류	가문비나무, 구상나무, 독일가문비, 솔송나무, 낙엽송, 낙우송, 메타세쿼이아, 소철, 일본잎갈나무, 편백, 히말라야시다
	상록활엽수류	남천, 다정큼나무, 돈나무, 백량금, 자금우, 차나무, 치자나무
	낙엽활엽수류	매화나무, 미루나무, 미선나무, 배롱나무, 버드나무, 아까시나무, 양버들, 자귀나무, 자작나무, 사시나무, 은사시나무

5) 뿌리돌림 방법

- 뿌리분의 크기를 정한 후 뿌리분의 둘레에 40~50cm 넓이의 도랑을 판다.
- 굵은 뿌리 중 일부는 절단하지 않고, 환상박피를 하는 경우 뿌리 직경의 2~3배 길이로 형성층까지 벗긴다.
- 나머지 뿌리는 모두 절단하되 굵은 뿌리는 자른 후 절단면을 매끈하게 다듬어 부패하지 않도록 하고, 잔뿌리는 전정가위로 자른다.
- 발근이 어려운 수목이나 노쇠목 또는 귀중목은 뿌리의 절단부와 박피 상단면에 발근촉진제를 발라준다.
- 뿌리돌림이 끝나면 파낸 흙으로 다시 메운다. 이때 흙에 완숙된 부엽토를 섞어주면 뿌리가 잘 발생한다.
- 넘어질 우려가 있으면 지주목을 세우고 전정, 잎 따주기 등의 관리를 해준다.

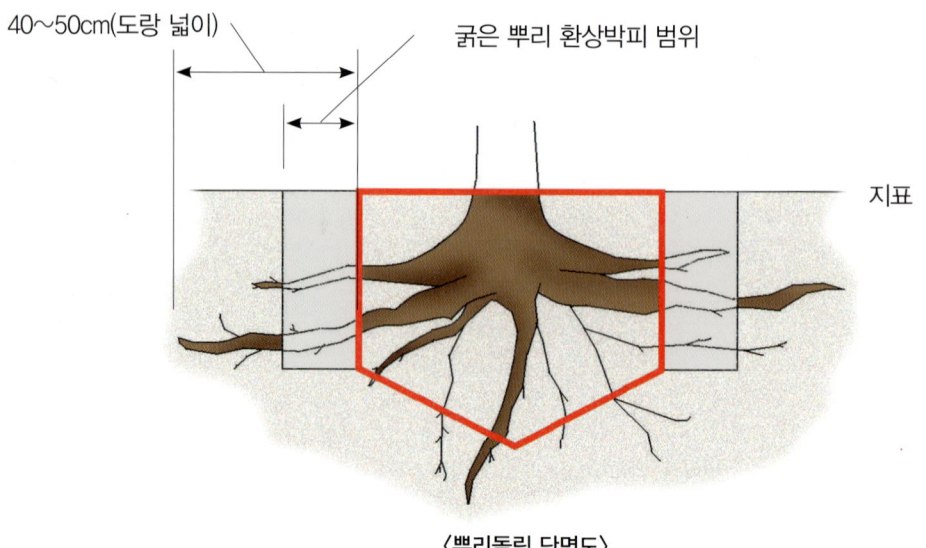

〈뿌리돌림 단면도〉

03 | 굴취

(1) 뿌리분의 결정

뿌리분의 크기는 근원직경의 4배를 기준으로 하며, 분의 깊이는 세근의 밀도가 현저히 감소된 부위로 한다.

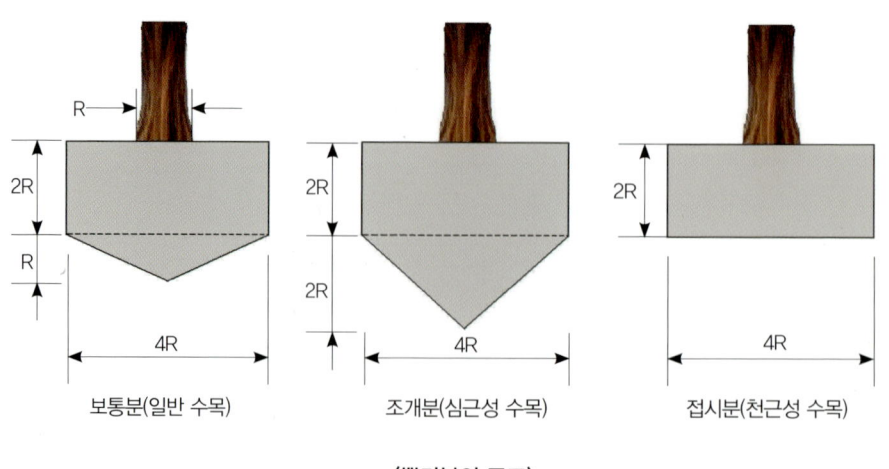

〈뿌리분의 구조〉

(2) 뿌리분의 굴취 순서 및 방법

- 건조기에는 굴취하기 2~3일 전에 관수를 한다.
- 뿌리분 표면의 잡초를 제거한다.
- 뿌리분 주위에 50cm 폭으로 도랑을 판다.
- 도랑을 파면서 나타나는 뿌리는 전정가위로 자르고, 절단면을 매끈하게 한다.
- 분깊이의 1/2 정도 파내려갔을 때 흙이 떨어지지 않도록 녹화마대나 새끼줄로 분의 허리를 단단히 감아준다.
- 계속해서 분의 겉뿌리를 자르면서 분의 상하 방향으로 비스듬히 감아나간다.
- 죽은 가지, 병든 가지, 수관 내부로 향한 가지 등을 제거하고 작업에 불편을 주는 아래쪽의 가지는 위쪽으로 끌어올려 새끼로 묶는다.
- 기계굴취는 기계에 의해 굴취 수목이 손상을 받지 않도록 한다.

〈굴취 순서〉

04 | 운반

- 수목의 상하차는 인력으로 하거나 대형목의 경우는 크레인, 체인블록 등의 기계를 사용한다.
- 뿌리분의 보호를 철저히 하며, 세근이 절단되지 않도록 충격을 주지 않는다.
- 수목의 가지는 간편하게 묶는다.
- 비포장도로에서 운반할 때는 뿌리분이 충격을 받지 않도록 완충재로 흙 또는 가마니, 짚을 깔고 서행으로 운전한다.
- 운반 도중 바람에 의한 증산을 억제하고, 강우로 인한 뿌리분의 토양 유실을 방지하기 위하여 덮개를 씌운다.
- 차량의 용량에 따라 적정 수량만을 적재하며, 수목을 포개어 적재하지 않는다.

05 | 수목식재

(1) 식재구덩이 파기

- 구덩이의 크기는 뿌리분 너비의 2배 크기로 한다.
- 깊이는 뿌리분의 높이와 구덩이 바닥에 깔 흙 및 유기질비료의 높이를 더하여 판다.
- 파낸 흙은 표토와 심토를 따로 갈라놓아 표토를 다시 쓸 수 있도록 한다.
- 배수가 불량한 토양은 굴토 후 자갈 등을 넣어 배수층을 만든 후 객토한다.
- 수목생육에 부적합한 토양은 부식질이 풍부한 사질양토로 객토한다.
- 유기질비료와 표토는 수목이 가라앉는 것을 고려하여 넣는다.

(2) 수목 앉히기

- 모아놓은 표토를 구덩이에 먼저 넣는다.
- 나무를 구덩이에 앉히고 수형과 주변 경관을 고려하여 방향을 정한다.
- 원지반의 높이와 뿌리분의 높이가 일치하도록 조절한다.
- 식재용 토양을 뿌리분 높이의 1/2 깊이로 넣은 후, 수목 방향을 재조정한다.
- 다시 흙을 구덩이 깊이의 3/4 까지 넣은 후 정돈한다.

수목식재 과정

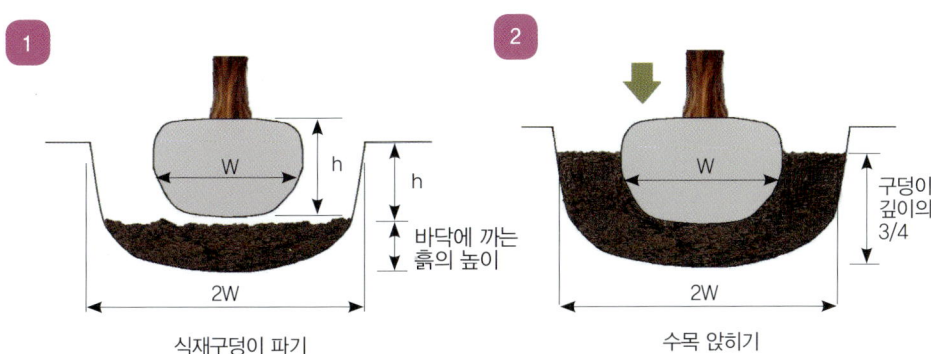

1 식재구덩이 파기

2 수목 앉히기

3 물 주기

4 흙 채우기

5 물집 만들기

기계를 이용한 식재 과정

식재구덩이 파기

토양개량제 넣기

수목 앉히기

비료 주기

흙 채우기

(3) 물주기

- 수목 앉히기 후, 물을 식재구덩이에 붓고 각목이나 삽으로 저어 흙 속의 기포가 제거되어 흙이 뿌리분에 완전히 밀착되도록 한다.
- 고인 물이 완전히 흡수된 후에 흙을 추가하여 구덩이를 채운다.
- 수관부 주위에 높이 10cm 정도의 물집을 만들어 물을 담는다.
- 수목이 활착할 때까지 1년 동안 정기적으로 물을 준다.
- 유기질액비는 물주기할 때 함께 관주한다.

(4) 유기질비료 시비기준

구분 \ 근원직경(cm)	5	10	15	20	30	40	50	60	70	80	100
유기질비료(kg)	6	10	20	30	45	45	45	45	45	45	45
유기질액비(mL)	30	50	100	150	250	400	600	700	800	900	1,000

※ 유기질액비 그린원의 경우 100배액 기준　　　＊자료 : 조경공사적산기준(2010). p338.

06 | 줄기감기

(1) 대상

- 수피가 얇고 매끄러운 활엽수 : 단풍나무, 감탕나무, 굴거리나무, 느티나무, 동백나무, 목련, 아왜나무, 칠엽수 등
- 난대성 수목 : 동백나무, 배롱나무, 석류나무 등
- 쇠약한 나무
- 부적합한 시기에 이식한 나무

(2) 재료

- 짚, 새끼줄, 황마포테이프, 부직포, 진흙

(3) 방법

- 살충제를 뿌려 줄기를 소독한다.
- 지표에서부터 줄기를 따라 1.6m 높이까지 또는 나무 높이의 60%까지 빈틈없이 재료를 감는다.

새끼 감기 / 새끼 감기와 황토 바르기

녹화테이프 감기 / 짚 감기

*자료 : 수목환경관리학(2009). p69. 재작성

- 이듬해 또는 2~3년째 봄에 감았던 재료를 제거한 후 태우거나 매립하여 병해충을 제거한다.

07 | 지주목 세우기

- 지주목은 식재한 나무가 바람이나 외부 충격에 쓰러지지 않도록 고정해주는 역할을 한다.
- 수고가 2~3m 이상 되는 나무는 지주를 설치한다.
- 지주는 통나무, 대나무, 각목, 강관, 플라스틱, 철선 등을 이용한다.
- 지주목의 종류는 다양하므로 수목의 종류와 현장 여건에 따라 적절한 지주를 사용한다.
- 지주목을 흙 속에 박을 때 뿌리에 손상을 입히지 않도록 한다.

- 지주목과 수목을 연결하는 부위에는 마대나 고무와 같은 완충재를 대어 나무의 손상을 방지한다.
- 지주목은 식재 후 18개월이 되면 제거한다.

(1) 지주목의 종류

1) 단각지주
- 수고 1.2m 이하의 나무에 이용한다.
- 1개의 말뚝을 수목 옆에 박고 말뚝에 수목을 묶어 고정시킨다.

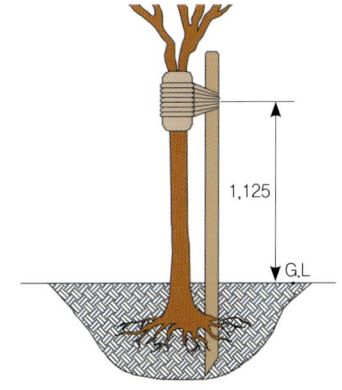

2) 이각지주
- 수고 1.2~2.5m의 나무에 이용한다.
- 2개의 말뚝을 박고 양쪽을 연결하여 수목을 고정시킨다.

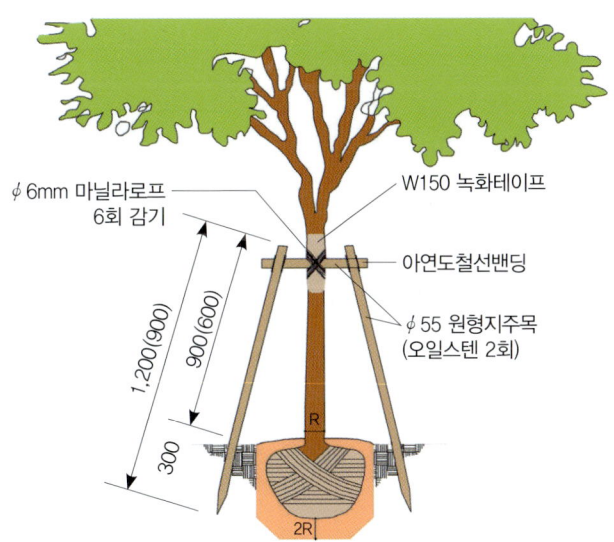

3) 삼각지주

- 통행량이 많고 협소할 때 이용한다.
- 지주를 삼각으로 박은 후 각재를 가로지른다.
- 각재와 수목을 연결한다.

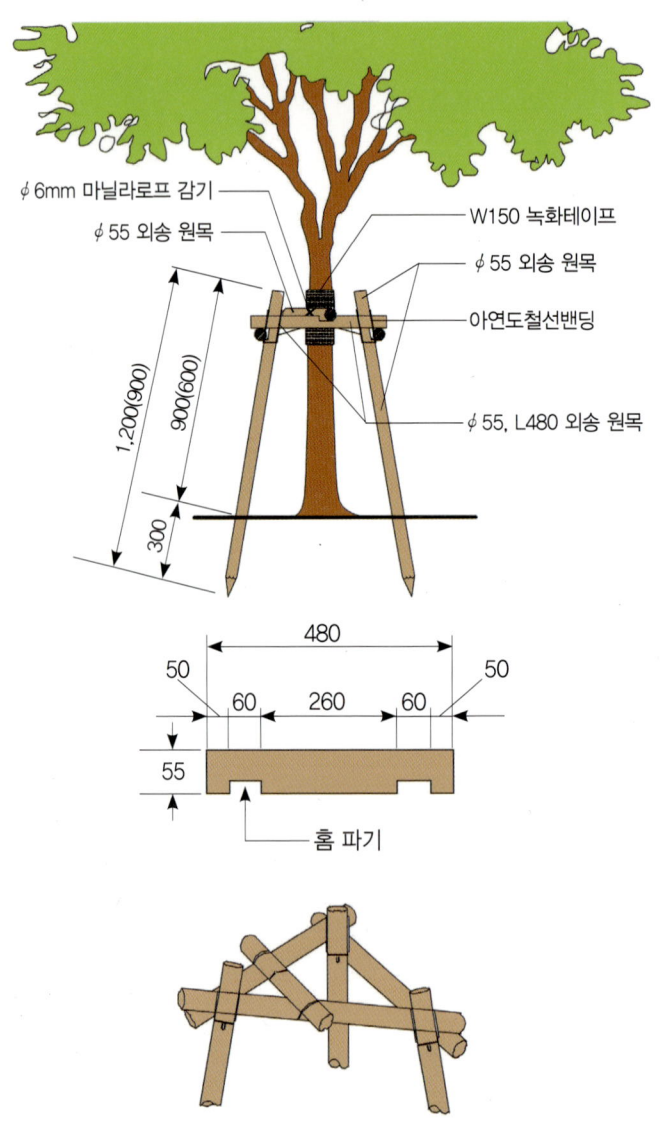

4) 사각지주

- 통행량이 많고 협소할 때 이용한다.
- 지주를 사각으로 박은 후 각재를 가로지른다.
- 각재와 수목을 연결한다.

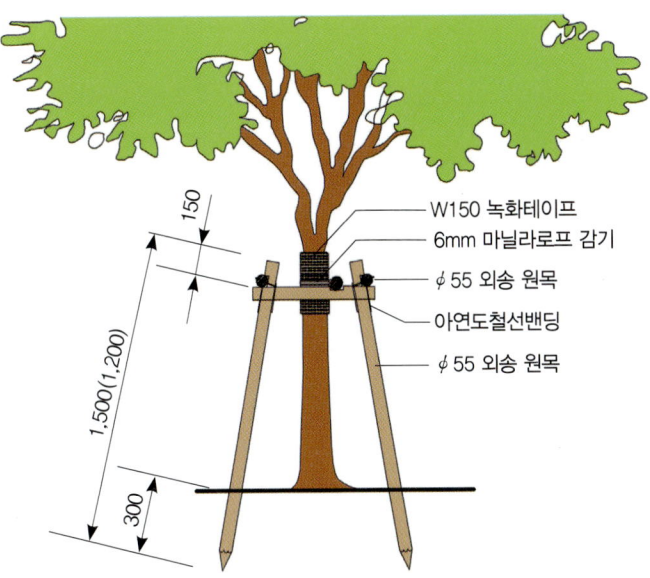

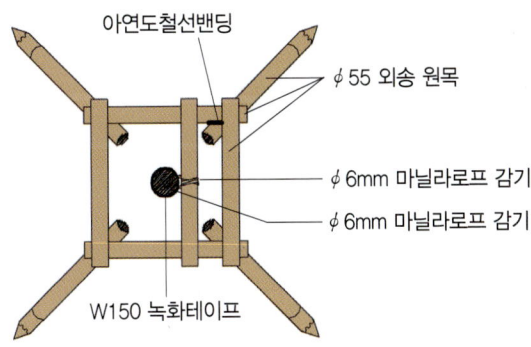

5) 삼발이지주

- 대부분의 교목에 사용한다.
- 각재를 삼각형으로 수목에 걸친 후 끈으로 묶어 수목을 고정시킨다.

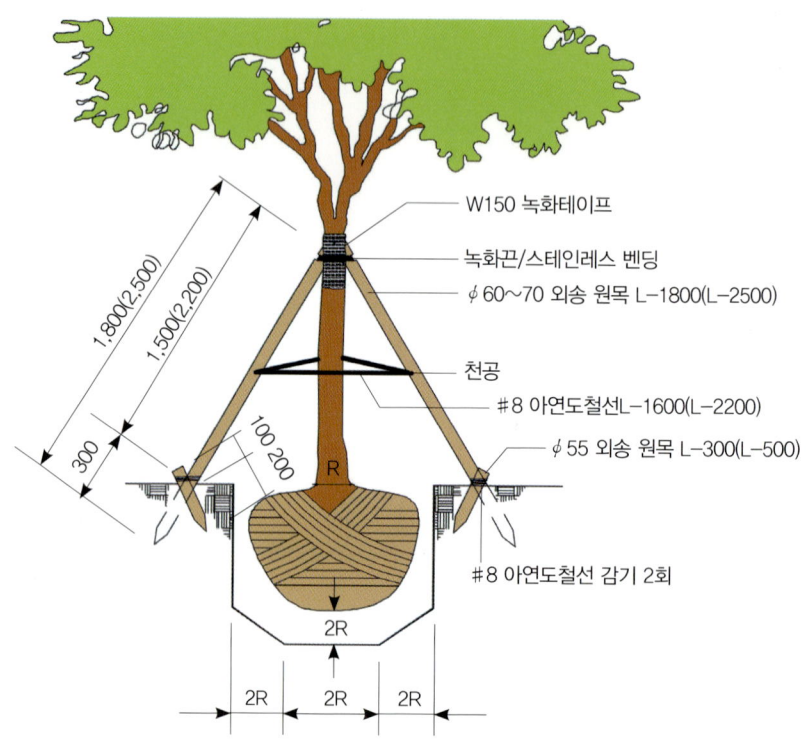

6) 매몰형 지주

- 경관이 매우 중요한 곳에 이용한다.
- 뿌리분의 양쪽에 통나무를 눕혀 묻는다.
- 철선이나 밧줄 등으로 고정한다.

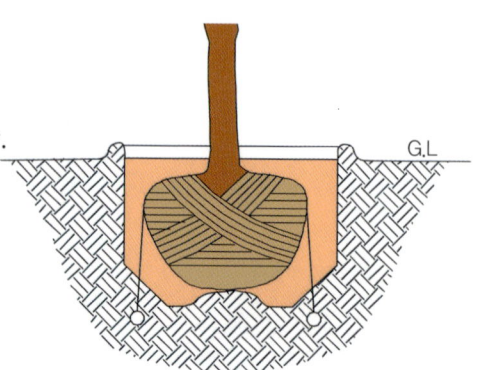

7) 당김줄형 지주

- 대형목, 경관이 중요한 곳에 사용한다.
- 줄기에 녹화마대를 감은 후 감은 부위에서 세 방향으로 철선을 당겨 지표에 박은 말뚝에 고정한다.

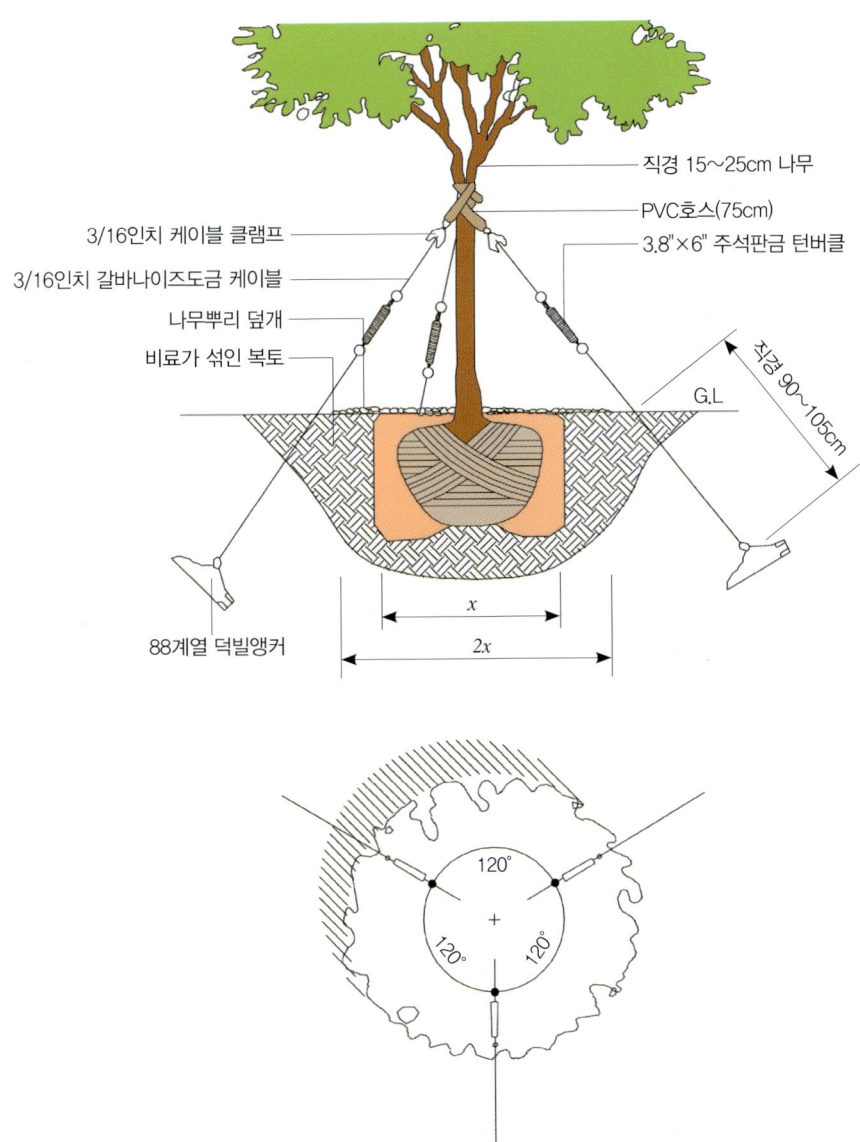

8) 연계형 지주

- 동일한 규격의 수목이 연계 식재되어 있을 때 사용한다.
- 대나무나 통나무를 수평으로 결속하고, 중요 지점에 버팀형 지주를 고정시킨다.

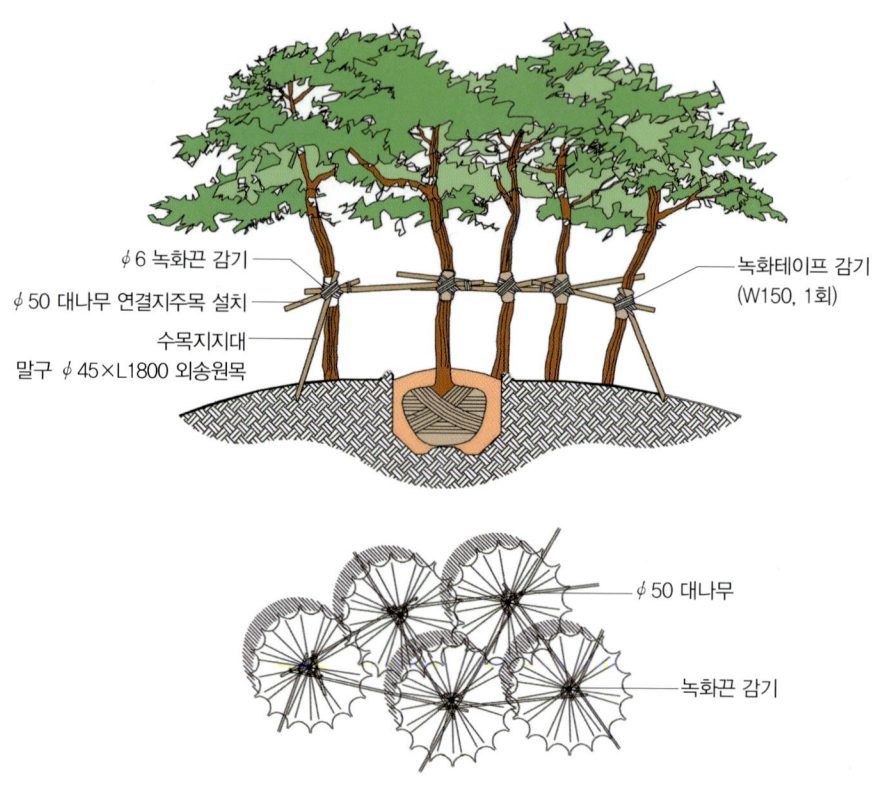

Note
1. 방향 및 높이를 일정하게 하여 수목이 흔들리지 않도록 단단히 조일 것
2. 수간과 접촉되는 부분은 삼발이를 가공하여 완전 밀착하도록 할 것

08 | 기타 관리

(1) 수목 하부 보호
- 나무를 식재한 후 그대로 방치하면 흙이 노출되어 보기에 좋지 않고, 수분이 증발하여 토양이 딱딱해지며, 잡초가 자란다.
- 잡초 및 수분 증발을 막기 위해 바크, 자갈 등 멀칭재를 피복한다.
- 답압 및 물리적 상처를 방지하기 위해 수목보호덮개를 설치하거나, 지피식물을 식재한다.

(2) 가지 정리
- 식재 후에는 지상부와 지하부의 균형을 유지하는 정도로만 약전정한다.
- 전정의 순서는 위에서 아래로, 밖에서 안으로, 큰 가지에서 잔가지 순으로 한다.
- 전정한 가지의 직경이 5cm 이상일 경우 발코트, 톱신페스트 등 상처도포제를 바른다.

(3) 증산억제제
- 식재수목은 뿌리와 가지, 잎 등이 손상되어 수분 공급과 증산의 균형이 깨져 있으므로, 증산억제제를 뿌려준다.
- 시판되는 증산억제제는 월트프루프, 크라우드카바, 그리너 등이 있다.

(4) 살균제 · 살충제
- 식재수목에서 병충해가 발견되는 경우 즉시 약제를 살포한다.
- 특히 소나무는 소나무좀 등의 방제를 위하여 페니트로티온 유제(스미치온)와 다이아지논 입제(다이아톤)의 혼합액을 살포한다.

09 | 수목 규격

(1) 수목 규격 기준

구분	약칭	단위	정의
수고	H	m	지표에서 수목 정상부까지의 수직거리
흉고직경	B	cm	지표면으로부터 1.2m 높이의 수간 직경
근원직경	R	cm	지표면과 접하는 줄기의 직경
수관폭	W	m	수관의 직경(타원형의 경우 최단과 최장폭의 평균치)
수관길이	L	m	수관이 수평으로 생장하는 특성을 가진 수목의 수관 최대길이
지하고	–	m	지표면에서 나무 아랫가지까지의 수직거리

*자료 : 조경공사표준시방서(2003), p117, 재작성

(2) 수목 규격의 명칭

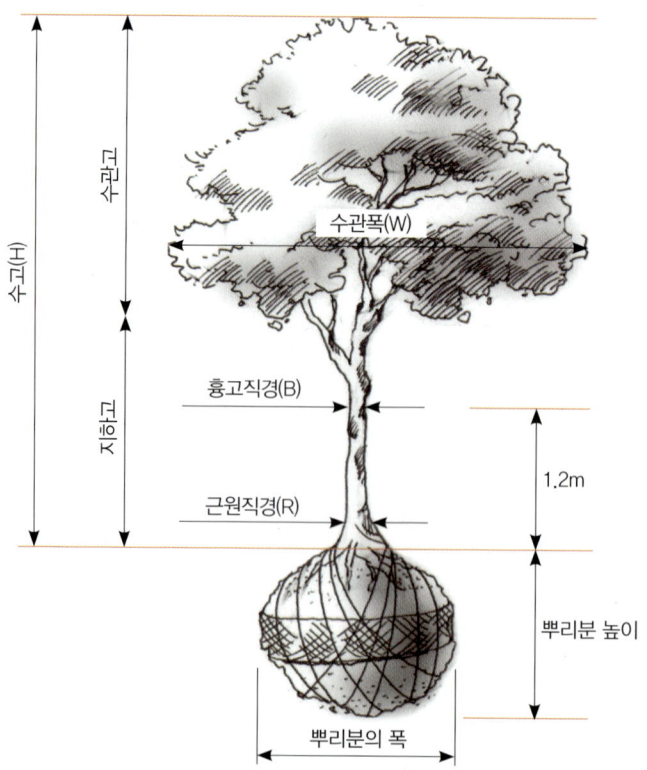

(3) 수목 규격 표시방법

구 분		적용기준	적용수목
교목	수고(m)× 흉고직경(cm)	곧은 줄기가 있는 수목으로 흉고부의 크기를 측정할 수 있는 수목	메타세쿼이아, 버즘나무, 벽오동, 산벚나무, 왕벚나무, 은행나무, 자작나무 등
	수고(m)× 근원직경(cm)	줄기가 흉고부 아래에서 갈라지거나 다른 이유로 흉고부의 크기를 측정할 수 없는 수목	감나무, 계수나무, 꽃복숭아, 꽃사과, 낙우송, 노각나무, 느릅나무, 느티나무, 단풍나무류, 대추나무, 때죽나무, 마가목, 매화나무, 먼나무, 모감주나무, 모과나무, 목련, 물푸레나무, 배롱나무, 복자기나무, 산단풍, 산딸나무, 산사나무, 산수유, 살구나무, 참나무류, 칠엽수, 튤립나무, 회화나무 등
	수고(m)× 수관폭(m)× 근원직경(cm)	줄기가 흉고부 아래에서 갈라지거나 다른 이유로 흉고부의 크기를 측정할 수 없는 수목	곰솔, 백송, 소나무
	수고(m)× 수관폭(m)	상록수로서 가지가 줄기의 아래 부분부터 자라는 수목	개잎갈나무, 구상나무, 금송, 독일가문비, 잣나무류, 전나무, 주목, 측백, 향나무류 등
관목	수고(m)× 수관폭(m)	-	개쉬땅나무, 겹철쭉, 꼬리조팝나무, 꽃댕강, 꽝꽝나무, 나무수국, 댕강나무, 덜꿩나무, 돈나무, 말발도리, 매자나무, 명자나무, 목서, 박태기나무, 백철쭉, 병꽃나무, 사철나무, 산철쭉, 좀작살, 진달래, 화살나무 등

*자료 : 조경공사표준시방서(2003), p118. 재작성

(4) 묘목수령 표시방법

구 분	내 용
1-0 묘	앞 숫자는 파종상에서 지낸 연수, 뒷 숫자는 판갈이상에서 지낸 연수
1-1 묘	한 번 이식한 만 2년생 묘목
2-0 묘	이식되지 않은 2년생 묘목
2-1 묘	파종상에서 2년, 이식상에서 1년 보낸 만 3년생 묘목
2-1-1 묘	파종상에서 2년, 이식상에서 1년, 다시 이식하여 1년 지낸 만 4년생 묘목
G1/1 묘	뿌리나이 1년, 줄기나이 1년인 접목묘
G1/2 묘	뿌리나이 2년, 줄기나이 1년인 접목묘
G2/3 묘	뿌리나이 3년, 줄기나이 2년인 접목묘
0/1 묘	뿌리나이 1년, 줄기가 없는 것 (뿌리묘)
1/2 묘	뿌리나이 2년, 줄기나이 1년인 삽목묘

Plants Management

제2장
전정관리

01 | 개요

- 전정(pruning)이란 목적에 맞는 수형 유지, 건전한 생육 도모, 개화 및 결실 촉진 등을 위하여 수목의 일부를 잘라주는 것을 말한다.
- 올바른 전정은 수목을 구조적으로 튼튼하게 함으로써 건강한 생육을 촉진하고, 아름다움과 매력을 높인다.

02 | 전정의 목적

(1) 아름다움을 위한 전정

- 수목 본래의 고유수형을 아름답게 유지하기 위하여 불필요한 가지를 전정하고 조형하는 것이 목적이다.
- 수목의 직선 또는 곡선 다듬기를 통해 구형이나 다면체형 및 특정 수형을 만들어 정형미를 제공하는 것이 목적이다.

(2) 건강을 위한 전정

- 죽은 가지, 병든 가지, 밀생하여 중복된 가지 등을 제거함으로써 통풍과 채광을 좋게 하여 병충해를 예방하고 건강한 수목을 만든다.
- 이식한 수목은 가지의 일부를 제거하여 뿌리에서 흡수하는 수분과 잎에서 증산되는 수분의 균형을 맞추어 활착시킨다.
- 조경수가 오랫동안 자라 노쇠한 경우 묵은 가지를 잘라 새로운 가지가 나오게 함으로써 나무에 활기를 줄 수 있다.

(3) 개화·결실을 위한 전정

- 꽃나무와 유실수의 경우 허약한 가지나 웃자란 가지, 너무 강한 가지 등을 제거하여 개화 및 결실을 촉진한다.

(4) 실용을 위한 전정

- 생울타리, 방풍림 등은 불필요한 줄기와 가지를 전정하여 차폐, 방풍 등의 목적과 기능에 부합하도록 한다.

- 가로수 등은 전정을 통하여 통행에 지장이 없도록 하고 태풍에 의해 쓰러지는 등의 피해를 방지할 수 있다.

(5) 어린 나무의 모양 잡기
- 어린 나무의 가지는 대부분 성목의 골격이 되는 굵은 가지로 자란다. 따라서 성목이 될 때 좋은 골격을 갖추기 위해서는 나무가 어릴 때 전정을 통하여 가지의 배치를 조절해야 한다.

03 | 나무의 수형

(1) 수형
- 나무의 줄기, 가지, 잎, 뿌리 등이 종합적으로 나타내는 전체 모양을 말한다.
- 수형은 수간의 생장방향, 가지의 신장방향, 엽군 등의 전체 이미지로써 결정되며, 원칙적으로 유전되지만 햇빛, 강수, 바람 등의 환경적인 요소에 의하여 변하기도 한다.

(2) 수형의 종류
1) 원개형
- 특징 : 곁가지가 잘 발달하여 옆으로 넓게 지엽이 형성되는 수관형이다.
- 수종 : 감나무, 녹나무, 덜꿩나무, 마가목, 산딸나무, 왕벚나무, 자엽자두, 피나무, 호두나무, 후박나무, 후피향나무, 회양목 등

2) 원추형

- 특징 : 초두가 뾰족하고 전체가 길쭉하여 삼각형의 수형을 나타내며 침엽수에 많다.
- 수종 : 구상나무, 메타세쿼이아, 분비나무, 삼나무, 전나무, 향나무 등

3) 원주형

- 특징 : 가지가 위로 뻗는 경향이 있어 기둥 같은 가늘고 긴 수관을 형성한다.
- 수종 : 넓은잎삼나무, 무궁화, 비자나무, 양버들, 은청아틀라스시다, 포플러나무 등

4) 피라미드형

- 특징 : 수형 전체가 원추형을 이루지만 아래 가지가 곡선으로 자라 수관의 외곽선에 깊이 들어간 부분이 형성되어 탑과 같은 모양의 수관을 이루는 것으로 한대지방의 침엽수에 많다.
- 수종 : 독일가문비, 히말라야시다 등

5) 난형

- 특징 : 전체적으로 둥근형이지만 중심 줄기가 강하게 위로 높이 자라 난형을 이룬다. 크게 자라는 활엽수에서 많이 볼 수 있다.
- 수종 : 가시나무, 구실잣밤나무, 꽃사과나무, 동백나무, 목련, 자작나무, 칠엽수, 튤립나무 등

6) 배형
- 특징 : 잔 모양의 수관형으로서 수관 윗부분의 선형이 대체로 직선이거나 크게 곡선을 이룬다.
- 수종 : 느티나무, 팽나무, 단풍나무 등

7) 부정형

- 특징 : 줄기와 가지가 불규칙하게 자라서 이루어지는 수형이다.
- 수종 : 복자기나무, 배롱나무, 이팝나무, 자귀나무 등

8) 수지형
- 특징 : 가지가 아래로 길게 늘어져서 이루어지는 수형이다.
- 수종 : 능수버들, 수양벚나무, 수양회화나무, 능수계수나무 등

04 | 가지의 종류

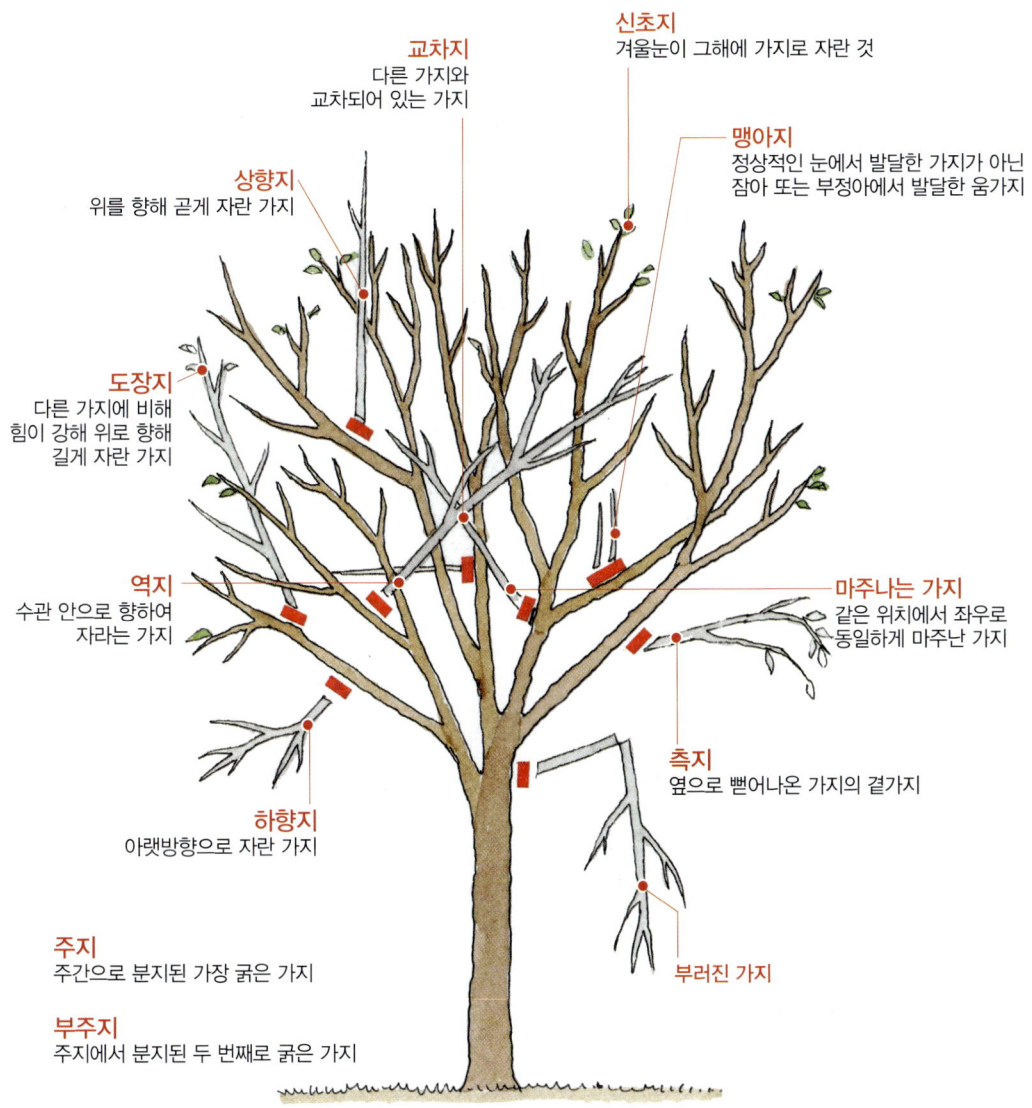

05 | 가지의 구조

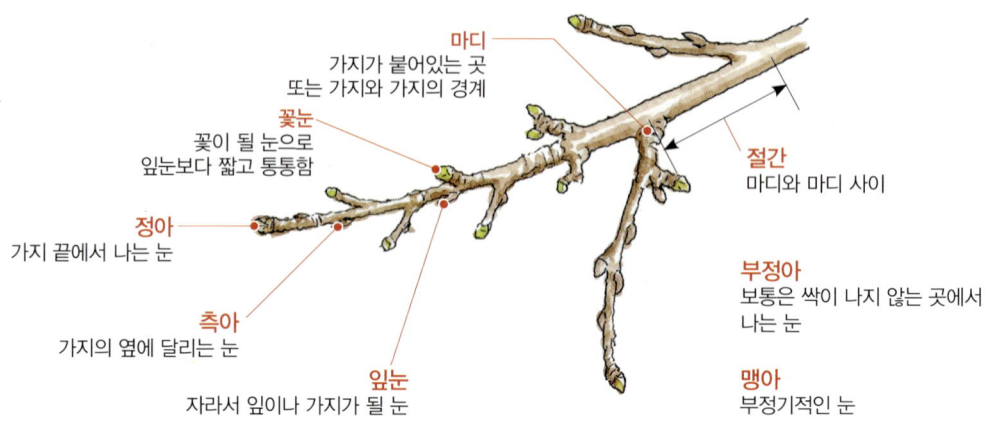

[가지의 구조]

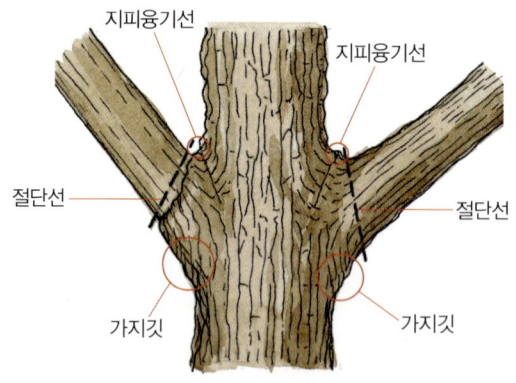

- 지피융기선(branch bark ridge)
  줄기와 가지가 갈라지는 곳에 수피가 솟아오른 부분을 말한다.
- 가지깃(지륭, branch collar)
  가지의 밑부분을 둘러싸면서 부풀어 오른 부분을 말한다.

[지피융기선과 가지깃]

06 전정도구

(1) 전정가위

- 조경수목을 전정할 때 가장 많이 사용하는 가위로서 지름 3cm 이하의 작은 가지를 자를 때 사용한다.

(2) 톱

- 톱은 지름 3cm 이상의 굵은 가지를 자를 때 사용하며 큰 가지 절단용과 작은 가지 절단용으로 구분하여 사용한다.
- 큰 가지 절단용은 길이가 36~45cm, 날의 폭은 6cm 정도가 적당하다.
- 작은 가지 절단용은 길이가 25~30cm, 날의 폭은 4~5cm가 적당하다.

(3) 고지가위

- 높은 곳의 가지를 자르거나 열매를 따기 위해 만든 가위이다.

(4) 생울타리 전정가위

- 쥐똥나무, 사철나무, 회양목, 향나무 같은 생울타리 가지나 잎을 다듬기 위해 만들어진 전정가위이다.
- 전체 길이 50~100cm, 날의 길이 15~20cm 정도의 것이 사용하기 편리하다.

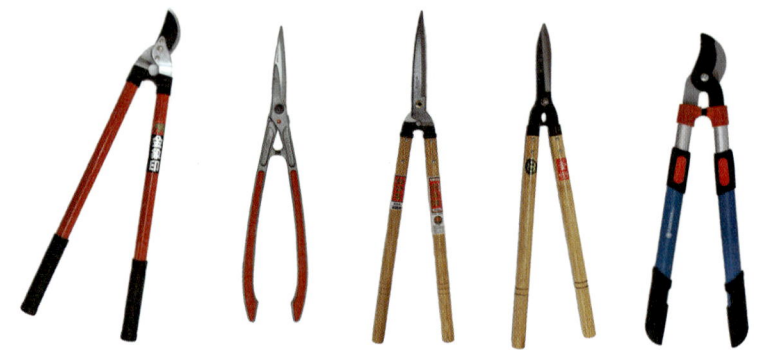

(5) 적심가위

- 주로 연하고 부드러운 가는 가지를 자를 때 사용하는 가위이며, 지름 1cm 이하의 가지를 자를 때만 사용한다.
- 지름 5mm 이내의 가는 가지를 자를 때는 한 손으로 가지를 잡고 다른 한 손으로 가위를 얕게 끼워 단번에 자른다.
- 지름 5mm 이상의 가지는 가위를 깊게 끼워서 약간 자기 앞에서 돌리면서 자른다.

(6) 전동식 전정기

- 넓은 면적의 생울타리나 많은 양의 조형목을 전정해야 할 경우 전동식 생울타리 전정기를 사용하면 효율적이다.

07 수목생리와 전정

- 가지 끝의 정아는 가지 옆의 측아보다 우세하게 생장한다.
- 정아의 생장이 강할수록 줄기와 가지가 위로 뻗어나가 위를 향하는 수형이 되며, 주로 관목보다 교목에서 이러한 성질이 강하게 나타나고, 원추형의 침엽수에서도 나타난다.
- 정아가 있는 가지를 자르게 되면 정아우세현상이 깨어지고 가지의 생장력은 곁눈으로 집중되어 곁가지가 활발히 생장하게 된다.
- 가지 기부 안쪽에는 보호지대가 있어 가지로부터 수간으로 병원균이 감염되는 것을 막는다.
- 가지깃과 지피융기선이 다치면 보호지대가 손상되고 나무의 방어체계가 파괴되어 수간이 썩고 병원균에 감염된다.
- 전정으로 인해 상처가 나면 유상조직(callus)이 상처 주변에 형성되며, 상처를 감싸는 커다란 목질의 띠가 형성된다.
- 가지깃과 지피융기선이 손상되면 목질의 띠가 고리모양으로 형성되지 않아 부패하기 쉽다.

08 전정시기

(1) 겨울전정

- 12~3월에 실시하는 전정으로 내한성이 강한 낙엽수를 대상으로 강전정한다.
- 잎이 떨어진 뒤이기 때문에 수형이 잘 드러나 작업이 용이하다.
- 추운 지방에서는 상처를 통해 냉기가 스며들어 가지를 상하게 하므로 해빙기인 2~3월에 실시한다.

(2) 봄전정

- 3~5월 사이에 실시하는 전정작업으로서 이 시기는 생장기이므로 강한 전정을 하면 수세가 쇠약해진다.
- 감탕나무, 녹나무, 굴거리나무 등의 상록활엽수와 참나무류는 묵은 잎이 떨어지고 새 잎이 날 때가 전정 적기이므로 주로 가지를 솎아내거나 길이를 줄이는 정도로 한다.
- 느티나무와 벚나무 등의 낙엽활엽수는 영양생장기에 접어들어 신장이 가장 많이 생장하는 시기이므로 적심, 적아 등의 약한 전정은 실시해도 좋으나 굵은 가지를 쳐내는 등의 강한 전정은 피한다.

(3) 여름전정

- 6~8월은 생장이 활발하고 잎이 무성한 시기이므로 수관 내의 통풍과 채광이 불량해지고 병충해가 발생하기 쉽다.
- 웃자란 가지나 혼잡한 가지를 잘라 채광 및 통풍을 좋게 해준다.
- 강전정은 피하고 약전정을 2~3회 나누어 실시한다.

나무 특성별 전정 시기

① 꽃나무의 전정
- 꽃나무는 당년도 개화가 끝난 직후부터 다음 해 꽃눈이 생기기 전 사이에 전정한다 (다음 표 참고).
- 백목련, 철쭉류, 치자, 등나무는 꽃이 지고 난 후 바로 꽃눈이 생기므로 꽃이 지자마자 전정을 해야 한다.
- 무궁화, 배롱나무, 싸리, 능소화, 금목서와 같이 봄에 자란 새 가지의 끝에 꽃눈이 형성되어 여름에 꽃피는 나무는 이른 봄에 전정을 해도 된다.

② 소나무, 잣나무 등은 6~7월에 절단하면 송진이 많이 흘러 나무가 쇠약해지므로 큰 가지는 생장기를 피하여 절단한다.

③ 단풍나무와 자작나무는 잎이 완전히 나온 후 전정하여 수액이 나오는 시기를 피한다.

④ 벚나무는 전정을 실시한 후 상처부위가 잘 아물지 않고 썩기 쉬우므로 될수록 전정하지 않는다.

(4) 가을전정

- 9~11월에 하는 전정으로 웃자란 가지와 혼잡한 가지를 가볍게 전정한다.
- 휴면이 빠른 수종이나 상록활엽수는 가을이 전정하기에 적기이나, 수세가 약해지지 않을 정도로 한다.

(5) 화목류의 개화기와 꽃눈형성기

범례: ● 꽃눈형성기(초록색), ✿ 개화기(보라색), ❀ 꽃눈분화기(주황색)

수종	1	2	3	4	5	6	7	8	9	10	11	12
매실나무	●●●	✿✿✿✿✿						❀❀	●●●	●●●	●●●	●●●
동백나무	●●●	●●●	✿✿✿	✿✿✿		❀❀❀			●●●	●●●	●●●	●●●
산수유	●●●	●●●	✿✿✿			❀			●●●	●●●	●●●	●●●
서향나무	●●●	●●●	✿✿✿	✿✿✿			❀		●●●	●●●	●●●	●●●
백목련	●●●	●●●	●●●	✿✿✿	❀	●●●			●●●	●●●	●●●	●●●
명자나무	●●●	●●●	●●●	✿✿✿					●●●	●●●	●●●	●●●
개나리	●●●	●●●	✿✿✿						❀	●●●	●●●	●●●
왕벚나무	●●●	●●●	●●●	✿✿				❀	●●●	●●●	●●●	●●●
수수꽃다리	●●●	●●●	●●●	✿✿✿	✿✿✿		❀		●●●	●●●	●●●	●●●
조팝나무	●●●	●●●	●●●	●●●	✿					❀	●●●	●●●
복숭아나무	●●●	●●●	●●●	●●●	✿			❀	●●●	●●●	●●●	●●●
모란	●●●	●●●	●●●	●●●	✿✿✿			❀	●●●	●●●	●●●	●●●
영산홍	●●●	●●●	●●●	●●●	✿✿✿			❀	●●●	●●●	●●●	●●●
단풍철쭉	●●●	●●●	●●●	●●●	✿✿✿				●●●	●●●	●●●	●●●
등나무	●●●	●●●	●●●	●●●	✿✿✿	●●●	●●●		●●●	●●●	●●●	●●●
찔레나무					❀❀ ●●	✿✿						
치자나무	●●●	●●●	●●●	●●●	●●●	✿✿✿		❀	●●●	●●●	●●●	●●●
수국	●●●	●●●	●●●	●●●	●●●	✿✿✿	✿✿✿	✿		❀ ●●	●●●	●●●
무궁화						❀	●●●	✿✿✿	✿✿✿			
배롱나무						❀	●●●	✿✿✿				

수종	1	2	3	4	5	6	7	8	9	10	11	12
싸리나무							🌷🌷	🌷🌸🌸	🌸🌸🌸			
금목서								🌷●●	🌸🌸🌸	🌸🌸		

※ 🌷 화아형성기 ● 화아형성 지속기 🌸 개화기   *자료 : 수목환경관리학(2009), p117.

09 | 전정방법

(1) 전정순서
- 전정할 대상의 나무를 잘 관찰할 수 있는 지점에서 전체 수형을 관찰하고, 만들고자 하는 수형과 잘라야 할 가지를 결정한다.
- 원하는 수형의 목적에 맞지 않는 큰 가지부터 전정한다.
- 수관 위쪽에서 아래쪽으로, 밖에서 안으로 전정한다.
- 굵은 가지에서 잔가지 순으로 전정한다.
- 절단부위가 5cm 이상일 경우 수목 상처도포제(발코트, 톱신페스트 등)를 바른다.

(2) 기본원칙
- 죽은 가지, 병든 가지, 지나치게 촘촘한 가지는 제거하여 채광과 통풍을 좋게 한다.
- 수관 내부로 향하는 가지, 수직 방향으로 자라는 가지, 아래로 처진 가지, 도장지를 제거하여 수형을 유지시킨다.
- 마주난 대생지는 전정하여 어긋나게 위치하도록 한다.
- 돌려난 윤생지는 1개의 가지만 남기고 층마다 어긋나도록 절단한다.
- 같은 방향과 같은 각도로 나란히 자란 평행지는 양분을 경합하고 단조로운 느낌을 주므로 제거한다.
- 나무의 정면에 시점과 같은 높이로 돌출한 가지는 압박감을 주므로 제거한다.
- 가지를 자르는 부위는 가지깃 형태에 따라 위치 및 각도를 다르게 한다.
- 지피융기선과 가지깃이 손상되지 않도록 한다.

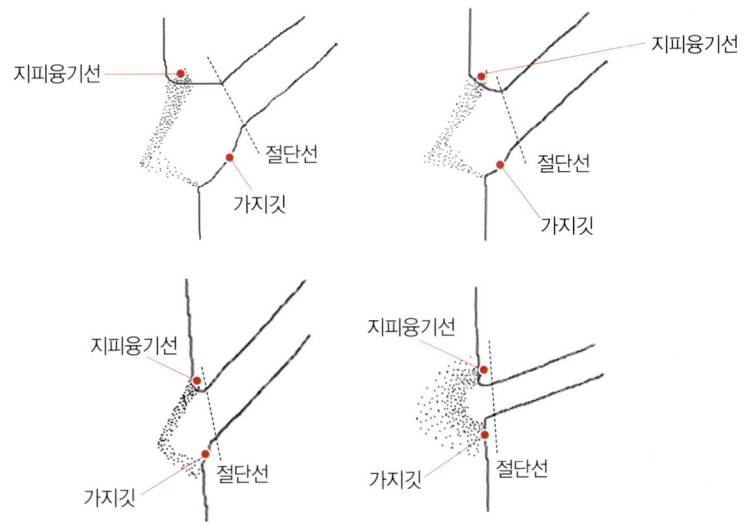

[가지깃 형태에 따른 가지 자르는 각도]

- 가지그루터기를 남기지 않는다.
- 줄기와 가지를 중간에서 절단해야 할 경우 반드시 마디에서 자르고, 절간을 자르지 않는다.
- 제거할 가지는 매끈하게 자른다.
- 전정할 때는 반드시 좋은 가지나 곁눈이 있는 곳의 바로 위쪽을 선택하여 절단한다.

(3) 굵은 가지 자르기

- 굵은 가지 자르기는 지름 3cm 이상의 굵은 가지를 밑둥에서부터 자르는 것으로, 수목의 수형 및 생육에 큰 영향을 주게 되므로 충분히 검토하여 정한다.
- 나무를 이식하여 지상부와 지하부의 균형을 잡고자 할 때, 잎이 지나치게 무성하여 수형 전체의 균형이 깨진 경우, 햇빛과 통풍이 차단되어 일부의 지엽이 쇠약해진 경우 등에 적용한다.
- 3~5cm의 굵은 가지를 자를 때는 자르고자 하는 가지를 손으로 잡고 톱을 잡아당기면서 아래로 힘을 주어 자른다.

- 5~10cm의 굵은 가지를 자를 때는 세 단계로 나누어 자른다.
- 먼저 절단부보다 30cm 떨어진 부분의 밑쪽을 1/3 정도 톱질한 후 약간 바깥쪽을 다시 엇갈리게 잘라준다.
- 남은 부분을 바싹 자르되 지피융기선과 가지깃을 다치지 않도록 한다.
- 10cm 이상의 굵은 가지는 전동톱을 이용하여 자른다.
- 5cm 이상의 굵은 가지는 절단부위가 병원균에 감염되지 않도록 매끈하게 다듬고 수목용 상처도포제를 바른다.

[굵은 가지를 자르는 순서]

[굵은 가지 자르기 사례]

[굵은 가지를 자른 후 상처도포제 바르기]   [상처도포제]

(4) 잔가지 자르기

- 얽혀 있는 잔가지와 도장지를 밑둥에서부터 잘라버리는 작업으로, 굵은 가지를 전정한 후에도 잔가지가 서로 얽혀 햇빛을 받거나 통풍이 불리한 경우에 실시한다.
- 전정가위를 자르고자 하는 가지의 밑둥에 대고 힘을 주어 잘라낸다.
- 가위의 날을 비틀거나 흔들면 절단부위가 매끄럽지 못하므로 빠르게 잘라낸다.
- 만일 깨끗하게 잘리지 않았다면 날을 갈아서 다시 자르거나 톱으로 깨끗하게 마무리해야 한다.

[잔가지 자르기 사례]

(5) 가지 길이 줄이기

- 필요 이상으로 길게 자란 가지의 길이를 필요한 곳에서 절단하여 수형을 바로잡는 작업으로, 절간이 아닌 마디에서 자른다.
- 가지를 중간에서 절단할 때는 옆눈이 있는 곳의 위치에서 비스듬히 자르고 눈 윗부분을 6~7mm가량 남긴다.
- 전정 후 마지막 눈의 위치가 다음 가지의 방향을 결정하므로 원하는 가지 방향의 눈 바로 위쪽에서 자른다.

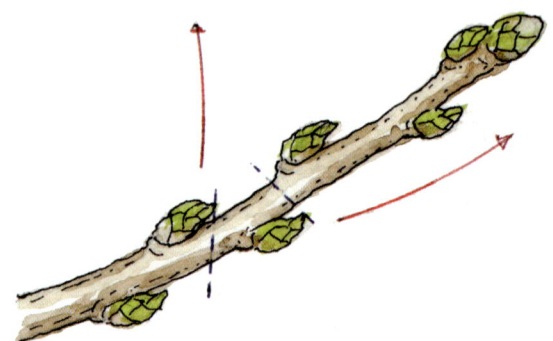

[눈의 위치와 자라는 방향]

[마디 위 가지 자르는 방법]

(6) 어린 나무 수형 잡기

- 어린 나무의 줄기와 가지는 그대로 성목의 골격이 되므로 균형 있고 아름다운 수형을 위해 나무가 어릴 때부터 전정을 한다.
- 어린 나무의 줄기를 절단할 때는 반드시 마디에서 잘라야 하며, 지피융기선 안쪽 지점인 A에서 지피융기선의 시작점(C)과 높이가 같은 지점인 B 방향으로 자른다.

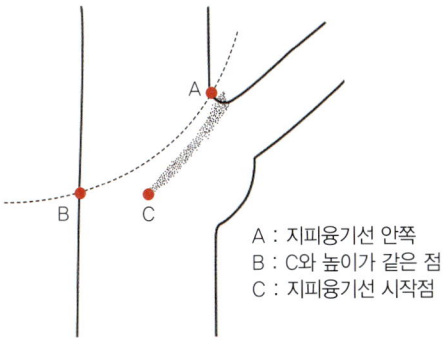

A : 지피융기선 안쪽
B : C와 높이가 같은 점
C : 지피융기선 시작점

[어린 나무의 줄기 자르는 방법]

(7) 수형별 전정방법

1) 지하고가 낮은 원추형 침엽수

- 침엽수와 같이 중앙에 한 개의 뚜렷한 줄기를 가지는 나무는 어릴 때부터 원추형으로 자라므로, 본래의 수형을 살려 가벼운 전정 정도만 한다.

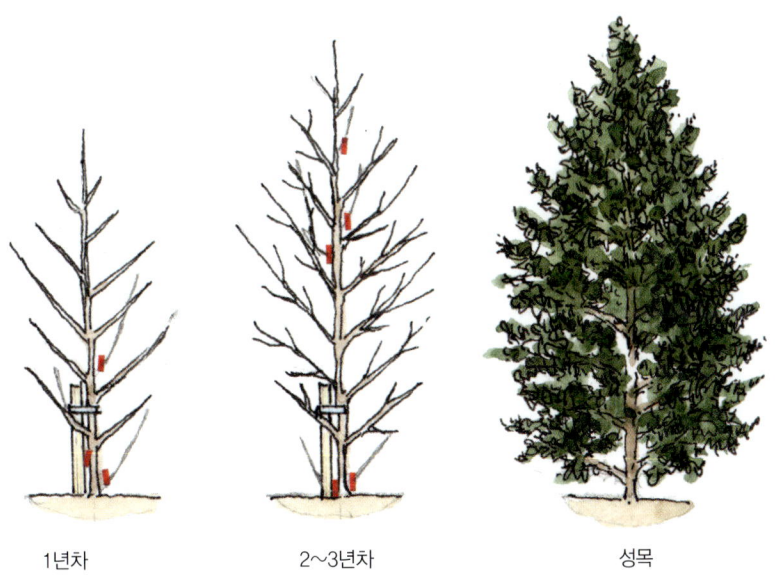

1년차　　　　2~3년차　　　　성목

① 1년차
- 교차지를 제거한다.
- 줄기의 기부에서 나온 가지를 제거한다.

- 단각지주를 설치한다.
② 2~3년차
- 중심 줄기와 경쟁하는 수직 도장지를 제거한다.
- 수형을 어지럽히는 교차지를 제거한다.
- 줄기의 기부에서 나오는 측지를 계속해서 제거한다.
- 수목이 활착된 경우 지주를 제거한다.

2) 지하고가 높은 원추형

- 중앙에 한 개의 뚜렷한 줄기가 높이 자라 원추형을 이루며, 하부에 가지가 없어 지하고가 높다.
- 자연에서 많이 볼 수 있는 대표적인 수형이다.

1년차   2~3년차   4년차   성목

① 1년차
- 수목의 높이를 3등분하여 상부 1/3 이상 지점에서는 죽은 가지, 병든 가지, 교차지 정도만 제거한다.
- 1/3~2/3 지점에서는 가지의 길이를 1/2로 줄인다.
- 하부 1/3 이하 지점에서는 가지를 모두 제거한다.

- 단각지주를 설치한다.

② 2~3년차
- 상부 1/3 이상 지점에서는 위치가 좋지 않은 가지와 교차지를 모두 제거한다.
- 1/3~2/3 지점에서는 가지 길이의 2/3까지 줄인다.
- 하부 1/3 이하 지점에서는 가지를 모두 제거한다.
- 지주목의 끈을 느슨하게 하거나 수목이 활착된 경우 지주목을 제거한다.

③ 4년차
- 원하는 지하고 높이까지 모든 가지를 제거한다.
- 수관부에 있는 가지 중 수형을 어지럽히는 교차지를 제거한다.

3) 원개형 및 배형의 활엽수
- 하나의 줄기가 여러 개의 가지로 분지하여 원개형이나 배형을 이룬다.
- 대부분의 활엽수가 이에 해당된다.

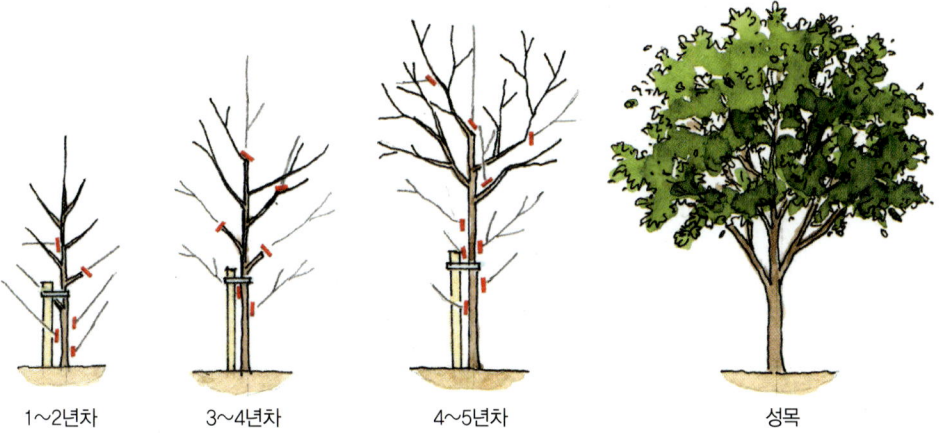

1~2년차   3~4년차   4~5년차   성목

① 1~2년차
- 수목의 높이를 3등분하여 상부 1/3 이상 지점에서는 죽은 가지, 병든 가지, 교차지 정도만 제거한다.
- 1/3~2/3 지점에서는 가지의 길이를 1/2로 줄인다.
- 하부 1/3 이하 지점에서는 가지를 모두 제거한다.
- 단각지주를 설치한다.

② 3~4년차
- 수관의 형태를 결정할 3~4개의 강한 가지를 골라 가장 높은 곳에 있는 가지의 바로 윗부분에서 줄기를 자른다.
- 원하는 지하고 높이를 결정하여, 지하고 높이의 상부 1/2은 가지 길이를 줄이고, 하부 1/2은 가지를 모두 제거한다.
- 교차지와 상향지를 제거한다.
- 지주목의 끈을 느슨하게 한다.

③ 4~5년차
- 세력이 강한 짧은 가지 또는 상향지를 제거한다.
- 교차지와 혼잡한 가지를 제거한다.
- 수관 상부의 가지들이 위를 향하도록 상부에 위치한 가지 중 밖을 향하는 가지나 눈을 잘라준다.
- 원하는 지하고 높이까지 모든 가지를 제거한다.
- 지주목을 제거한다.

4) 관목
- 지표에서 올라온 약하고 가는 가지를 모두 제거한다.
- 수관 내부에 얽혀 있는 모든 가지를 기부에서 제거하거나, 좋은 위치에 있는 눈이나 가지가 있는 곳까지 제거한다.
- 수형을 어지럽히는 길게 난 도장지를 잘라준다.

(8) 적심

- 적심(摘心)이란 가지의 길이 생장을 조절하기 위하여 생장 중인 신초[정아(頂芽)나 생장점]를 따는 작업을 말하며 '순따기', '순자르기'라고도 한다.
- 소나무의 적심은 4~5월에 새순이 10cm 정도 자랐을 때 여러 개의 새순 중에서 2~3개만을 남기고 나머지 순을 모두 딴다.
- 5월 중순경 남겨둔 새순이 자라 새잎이 나올 무렵 순의 1/3 길이에서 자른다.

[소나무 적심 순서]

(9) 적아

- 적아(摘芽)란 적아눈이 움직이기 전에 가지의 눈 중 필요하지 않은 눈을 미리 따버리는 작업을 말하며 '순지르기'라고도 한다.
- 가지가 뻗어나갈 방향을 예측하여 필요 없는 눈을 딴다. 맹아력이 약해 가지가 다 자란 다음에 가지치기를 하면 수형이 엉성해지는 수종, 강전정을 하면 쇠약해지기 쉬운 자작나무, 상처가 생기면 잘 썩는 벚나무 등의 수종에 실시한다.

(10) 특수전정

1) 노목의 전정
- 조경수목이 오랫동안 자라 가지가 굵어지고 잎과 꽃이 엉성해지면 관상가치가 떨어지므로 가지의 끝을 짧게 잘라준다.
- 이와 같은 방법으로 이듬해 부정아가 많이 싹트게 되므로 새롭고 세력이 강한 가지가 나오게 되어 나무의 노쇠현상을 막을 수 있다.
- 맹아력이 강한 활엽수에 대해 사용하며 침엽수는 잠아가 없어 이 방법을 사용하지 않는다.

2) 이식수목의 전정
- 나무를 이식하게 되면 뿌리가 많이 잘려나가게 되므로 뿌리부분과 균형을 맞추기 위하여 가지의 일부도 제거해야 한다.
- 이식 후 죽은 가지, 병든 가지, 부러진 가지, 얽혀 있는 가지, 도장지 등을 먼저 제거한다.
- 각 수목의 발근력과 발아력을 감안하여 전정의 양을 결정하되 전체 가지의 15% 이상을 가지치기하지 않는다.

3) 침엽수의 전정
- 침엽수의 수형은 원추형과 대칭형이므로 수간을 외대로 유지시키고, 수관 밖으로 튀어나온 가지는 일찍 제거해준다.
- 침엽수는 오래된 가지에 잠아가 거의 없어서 묵은 가지를 중간에서 제거하면 그 자리에서 맹아지가 발생하지 않는다.
- 침엽수는 2~3년마다 수형을 다듬어야 하며, 한 번에 수형을 바꾸려고 해서는 안 된다.

- 잎이 있는 바깥쪽 가지, 즉 1~2년 이내에 생겨난 가지를 중간에서 전정하면 잠아가 나와서 옆 가지의 발생을 촉진하지만 안쪽 가지, 즉 잎이 이미 떨어진 3년 이상 된 묵은 가지는 자르면 가지가 죽어버린다.

4) 생울타리 전정

- 생울타리는 살아 있는 나무로 만든 울타리를 말하며, 상록성 생울타리, 낙엽성 생울타리, 자유형 생울타리, 정형식 생울타리 등으로 나눌 수 있어 목적에 따라 선택할 수 있다.
- 자유형 생울타리는 개나리, 무궁화, 장미, 동백, 병꽃나무, 낙상홍, 피라칸다와 같이 꽃나무나 열매를 감상하는 나무를 이용하여 만든다.
- 자유형 생울타리는 식재간격을 1m 정도로 하고 1년에 1회 정도 가벼운 전정을 해준다.
- 정형식 생울타리는 가지와 잎이 치밀하고, 아랫가지가 오랫동안 말라죽지 않아야 하며, 맹아력이 강하여 전정에 잘 견딜 수 있는 나무를 이용하여 만든다.
- 울타리의 위를 아래보다 좁게 하여 울타리 하부에도 햇빛이 잘 들게 한다.

① 낙엽수를 이용한 생울타리 만들기

2년차	3~4년차	5년 이상
• 초봄에 줄기와 가지를 1/3 길이로 잘라낸다.	• 새로 생장한 모든 가지를 1/3 길이로 잘라주면, 생울타리가 촘촘해지기 시작한다.	• 초여름에 말뚝이나 틀을 이용하여 생울타리 모양으로 가지를 잘라낸다. • 이듬해 초봄 가지를 다시 잘라주며, 이후로 매년 초봄 계속 실시한다.

② 상록수를 이용한 생울타리 만들기

 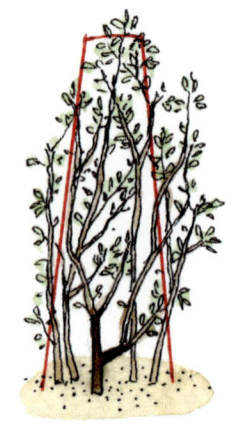 

2년차	3~4년차	5년 이상
• 봄에 가지가 빈약한 나무는 그림과 같이 강전정을 한다. • 가지가 어느 정도 분지되어 있다면 줄기와 가지를 1/3 길이로 잘라준다.	• 여름에 바깥 가지를 가볍게 전정하고 이듬해 봄에 원하는 형태로 좀 더 강하게 전정한다.	• 1년에 두 번씩 계속 전정하면 생울타리가 점점 촘촘해진다.

③ 침엽수를 이용한 생울타리 만들기

  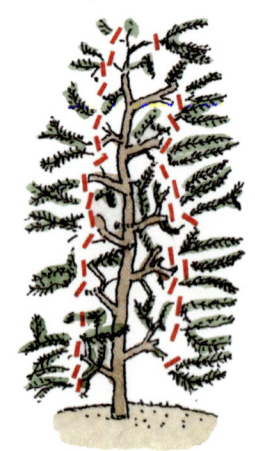

2년차	3~4년차	5년 이상
• 초봄에 가지를 1/3 길이로 잘라준다. • 줄기는 전정을 하지 않고 단각지주를 설치한다.	• 5월에 가지를 잘라 원하는 형태로 점점 다듬어간다. • 새로 자란 줄기 끝을 지주에 묶는다.	• 5월에 사다리 모양으로 전정한다. • 원하는 높이까지 자라면 원줄기를 자른다.

④ 생울타리 전정 시 일정하게 모양을 유지하는 방법

일정한 모양으로 다듬기 위해 울타리의 끝에 말뚝을 박고 끈으로 수평선을 설치한다.

합판의 내부를 원하는 모양으로 오려내어 틀을 만든 후 생울타리에 씌워 템플릿의 선을 따라 생울타리 면을 깎는다.

• 여러 가지 생울타리 형태

생울타리의 윗부분을 좁게 하고 밑부분을 넓게 하여 아래도 햇빛이 들도록 한다.

5) 토피어리 전정

- 토피어리는 조경수목을 전정하여 기하학적 형태나 동물 모양 등 원하는 형태로 수목을 만드는 것을 말한다.
- 맹아력과 생장력이 뛰어나고 작은 잎을 가진 상록수가 적당하며, 주목, 향나무, 회양목, 꽝꽝나무, 호랑가시나무 등이 사용된다.
- 철사로 원하는 형태의 조형틀을 만들어 나무 위에 덮는다.
- 나무가 성장하여 가지가 조형틀 바깥으로 나오기 시작하면 전정을 하며, 가지와 잎이 조형틀을 가득 채울 때까지 여러 해에 걸쳐 전정하여 완성한다.
- 단순한 토피어리의 경우 첫해에는 원하는 모양을 대강 잡아 전정하고, 다음해 조형틀에 맞추어 원하는 모양대로 전정한다.
- 완성된 토피어리는 수목의 생장률에 따라 1년에 2~3회 전정하여 모양을 유지시킨다.

10 | 전정사례

소나무 -1

[전정 전] 수관 내부의 가지가 밀생하여 통풍이 좋지 않고 수형이 흐트러짐

[전정 후] 밀생한 가지를 솎아내고 조형 전정을 함

소나무 -2

[전정 전] 신초가 위로 길게 생장하여 수형이 흐트러짐

[전정 후] 길게 자란 신초를 적심하여 수형을 개선함

소나무 -3

[전정 전] 수관 내부에 가지가 밀생하여 통풍이 좋지 않고 시야를 차단함

[전정 후] 밀생한 가지를 솎아내어 통풍과 채광을 개선하고 시야를 확보함

섬잣나무

[전정 전] 내부의 가지가 밀생하고 웃자라 수형이 흐트러짐

[전정 후] 수관 내부의 가지를 솎아내고 웃자란 가지들을 전정하여 수형을 개선함

잣나무

[전정 전] 가지가 웃자라 수형이 흐트러짐

[전정 후] 수관 내부의 가지를 솎아내고 웃자란 가지들을 전정하여 수형을 개선함

둥근 소나무

[전정 전] 수관 내부에 가지가 밀생하여 통풍이 불량하고, 수형이 흐트러짐

[전정 후] 밀생한 가지를 솎아내고 조형전정을 함

11 | 해외 전정사례

[생울타리 전정]

[마가목 전정]

[마로니에 전정]

[버즘나무 전정]

[오렌지나무 전정]

[피나무 전정]

[주목 전정]

[포플러나무 전정]

Plants Management

제3장
시비관리

01 | 개요

- 토양은 수목이 뿌리를 내려 정착할 수 있는 지지기반이며, 수목에 양분과 수분을 공급해주는 생육기반이다. 수목의 건강한 생육을 위해서는 토양의 물리적 특성과 화학적 특성을 생육조건에 적합하게 관리해야 한다.
- 시비란 수목의 생장을 촉진하기 위해 비료성분을 공급하는 것을 말하며, 공동주택의 정원과 같은 인위적인 토양에 식재되어 있는 수목은 주기적으로 시비를 해야 한다.

02 | 토양관리

(1) 토양의 물리적 특성

1) 토성
   - 토성은 토양 중의 모래, 미사, 점토 입자의 함량 비율을 말하며, 입자의 구성 비율에 따라 사질토, 양토, 식토 등으로 나눈다.
   - 모래 함량이 높은 토양은 배수가 잘 되고 통기성은 좋으나 양분과 수분을 보유할 수 있는 능력이 약하여 건조 피해를 받기 쉬우며, 비료의 유실이 많다.
   - 점토가 많은 토양은 보수력과 보비력은 좋으나 배수가 잘 안되고 통기성이 나쁘다.
   - 수목이 건강하게 자라기 위해서는 토양의 보수력, 배수력, 통기성, 보비력 등이 모두 좋아야 한다.
   - 수목 생육에 가장 좋은 토양은 모래 50~65%, 미사 20~35%, 점토 10~20% 정도인 사질양토 또는 양토이다.

2) 토양공극
   - 토양 입자와 입자 사이에는 공극이 있으며, 이 공극은 물과 공기로 채워진다.
   - 토양 내 공기는 뿌리의 호흡에 영향을 미치고, 토양 내 수분은 식물의 생장에 영향을 준다.
   - 다져진 토양은 공극이 적어 통기성이 나쁘고, 배수가 불량한 토양은 공극이 물로 채워져 공기가 부족하다.

(2) 토양의 화학적 특성

1) 토양산도(pH)

- 토양산도란 토양이 산성, 중성, 알칼리성을 띠는지를 나타내는 것이며, 수목이 양분을 흡수할 수 있는 능력에 영향을 미친다.
- 토양이 중성이면 pH 7.0이고, 산성일수록 값이 낮아지며 알칼리성일수록 값이 올라간다.
- 토양이 산성일 경우 인산, 칼륨, 칼슘, 마그네슘, 붕소 등의 양분이 식물이 흡수할 수 없는 형태로 되며 철, 알루미늄, 망간 등은 너무 많이 녹아나와 뿌리의 생장을 억제시키고 생리 장애를 일으킨다.

※ 토양산도 진단법

01 산도 측정을 원하는 곳의 토양을 소량 채취하여 물 25mL, 흙 5g의 비율로 섞는다.

02 혼합액을 30분간 잘 저어준다.

03 흙이 완전히 가라앉으면 리트머스 종이를 맑은 용액에 담가 물을 흡수시킨다.

04 리트머스 종이를 색상표와 비교하여 pH를 측정한다.

*리트머스 종이는 pH4~8 정도를 측정할 수 있는 것으로 사용한다.
*숫자가 높을수록 알칼리성 토양이며 낮을수록 산성 토양이다.

- 토양이 알칼리성일 경우 인산, 칼륨, 붕소, 철, 아연, 구리와 같은 원소들의 용해도가 낮아져 식물이 흡수하기 어렵게 된다.
- 대부분의 수목은 pH 5.5~8.3에서 자랄 수 있으나, 가장 적합한 pH는 5.5~6.5이다.

(3) 토양개량

토양의 개량에는 토양 내의 통기성과 배수, 보수성 등을 개선하는 물리성 개량과 보비력을 향상시키는 화학성 개량이 있다.

1) 물리적 개량-토양경운
- 기계나 사람의 활동에 의하여 토양이 다져져 통기와 배수가 불량한 경우 토양을 경운하여 토양 내 공극을 늘림으로써 뿌리의 호흡과 발달을 돕는다.
- 토양이 젖어 있는 상태에서 경운하면 오히려 토양의 구조를 파괴하므로 토양이 마른 상태에서 경운한다.
- 기존 수목 주변을 경운할 경우 뿌리에 너무 가깝게 경운하면 뿌리가 잘리므로 수관폭 바깥선을 기준으로 경운한다.

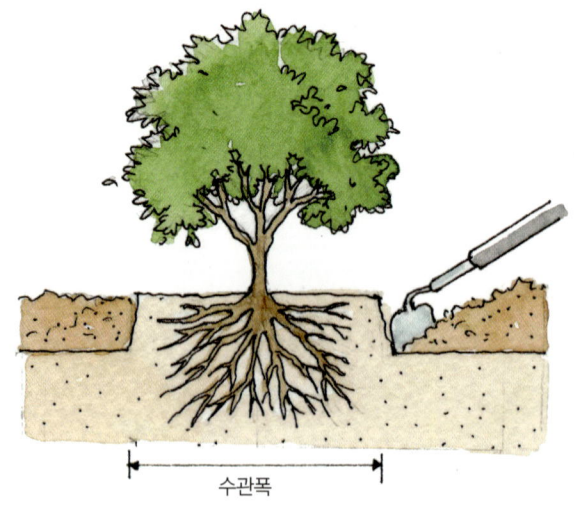

[수목 주변의 경운]

2) 화학적 개량-토양개량제

① 모래

- 석영이 풍화되어 지름이 0.5~2mm 크기로 된 것이다.
- 보비력과 보수력은 약하지만 배수가 잘 되고 통기성이 좋아 혼합토를 만드는 데 이용된다.
- 입자의 지름이 2mm 정도 되는 것은 굵은 모래, 0.5mm인 것을 가는 모래라고 한다.

② 바크

- 전나무, 소나무 등의 수피를 잘게 부수어 만든 것이다.
- 난의 식재에 사용되거나 혼합토를 제조하는 재료로 사용된다.
- 멀칭재료로 이용되어 강우 시 표토의 유실을 막거나 건조 시 수분 증발을 억제하는 역할을 한다.

③ 피트모스

- 늪의 식물이 습지 바닥에 퇴적되어 산소가 부족한 상태에서 부분적으로 부식된 것이다.
- 캐나다, 아일랜드, 독일, 미국, 러시아 등지에서 많이 생산되며, 상토의 유기물 자재로 가장 많이 이용되고 있다.
- 피트모스는 부피의 89% 정도가 수분을 함유할 수 있는 조직으로 되어 있고, 물과 공기가 이상적인 비율로 함유되어 통기성 및 보수력이 매우 우수하다.
- 양이온 치환 용량이 커서 보비력이 좋으며 상토 내에서 유기물 분해가 느리게 일어나기 때문에 이화학적 특성이 오랫동안 유지될 수 있다.
- 무기성분 함량이 매우 적고 분해과정에서 무기성분의 용출도 많지 않으므로 시비 조절이 쉽다.

- 해충 및 잡초 종자 등이 없고 가벼워 취급하기 좋을 뿐만 아니라 섬유질상으로 되어 있어 자체 결합력이 좋다.
- 산도는 pH 3.2~5.5로 낮으나 조정 후에는 안정되는 특징이 있다.
- 질소 성분이 약간 함유되어 있고 인산과 칼리 성분은 거의 없다.
- 토양과 친화력이 낮아 토양과 혼합할 경우 처음 3~4일 동안 수분관리를 해야 한다.
- 건조할 때 중량의 16~24배의 수분 흡수력이 있는 것, pH가 3.5~5.5 범위인 것, 건물 1㎥의 중량이 450~900kg인 것, 입도 1mm 이하가 70% 이하인 것이 좋다.

④ 버미큘라이트
- 마그네슘과 철이 함유된 질석을 760℃의 고온으로 가열하여 원부피의 15배 정도 증가시킨 인공토양이다.
- 칼륨 6%와 마그네슘 20%가 함유되어 있고, 산도는 pH 7 정도의 중성이며, 가볍고 보수력이 좋다.
- 무균이므로 파종, 삽목, 실내 조경용 토양으로 많이 사용된다.

⑤ 펄라이트
- 화산의 용암지대에서 캐낸 회백색의 진주암을 870℃ 정도의 고온에서 가열하여 원부피의 10배 이상 팽창시켜 만든 것이다.
- 무게가 가벼워 토양 표면에서 이동하기 쉬우나 다른 재료와 혼합하면 토양의 통기성과 보수력을 향상시킨다.
- pH는 6.5~7.5 정도이고 비료 성분은 전혀 없다.
- 무균이므로 파종에 적합하고, 오랫동안 습기를 유지하게 되므로 이식 수목의 활착에 좋다.

⑥ 테라코템
- 토양보습제로서 수분흡수중합제, 유기양분, 무기양분, 성장촉진제 및 전해질 물질을 혼합하여 만든 제품이다.
- 토양의 통기성과 배수성을 향상시키며, 200배까지 수분을 흡수할 수 있어 관수의 양과 빈도를 40~60% 절감할 수 있다.
- 가뭄 시 또는 수분 부족 토양에서 식물 생육에 필요한 수분을 공급할 수 있다.
- 토양 수분의 투과를 증가시켜 염류를 용탈시킨다.
- 토양의 보비력을 향상시켜 비료 사용량을 50% 절감할 수 있다.
- 수목 뿌리의 활착능력을 증대시켜 착근 시기를 조기에 단축할 수 있다.

⑦ 프로파일
- 점토와 비결정체의 이산화규소로 구성되어 있는 유공성 세라믹 제품이다.
- 프로파일 세라믹 입자는 74%가 유공으로 구성되어 있는데, 1/2은 물을 보유하는 모세관이고, 나머지 1/2은 공기와 배수가 이루어지는 비모세관으로 이루어져 있다.
- 통기성과 배수성 및 보비력을 향상시키고, 토양 미생물을 잘 자라게 한다.

⑧ 활성탄
- 야자껍질, 목재, 석탄 등을 태워서 제조한 것으로 흡착성이 강한 분상 또는 입상 다공성 물질이며, 1g당 800~1,200㎥의 내부표면적을 갖고 있다.
- 토양의 보수력과 보비력을 증가시키고 유해 중금속을 제거하며, 비료가 지속적으로 공급되도록 한다.

- 토양 미생물의 활동을 촉진하여 양분 흡수를 돕는다.

⑨ 파라그린

- 펄라이트 정석을 오픈 셀(Open Cell) 구조로 팽창시켜 만든 제품으로 토양 조건에 관계없이 일률적으로 개량하는 기존의 방법을 개선하여 토성별로 사용할 수 있는 토양 개량제다.
- 통기와 배수가 불량한 점질토양, 건조하기 쉬운 사질토양 등 물리성이 문제시되는 토양에 적합한 규격의 제품을 사용함으로써 통기성, 배수성, 보수성 등 토양 물리성을 향상시켜주는 무기 토양개량제이다.
- 산성 토양의 개량에 사용된다.

⑩ 왕겨

- 왕겨는 비교적 쉽게 구할 수 있는 재료로서 통기성을 향상시키나, 보비력은 낮다.

⑪ 훈탄

- 훈탄은 왕겨를 태워 만든 것으로 토양의 보수력과 배수력을 높이나 보비력은 낮으며, pH가 높다.

⑫ 제올라이트
- 실리콘(Si)과 알루미늄(Al)으로 이루어진 다공성의 결정이며, 강한 산성이다.
- 보수력과 보비력을 높이고 토양의 산도를 교정하며, 염기를 분해한다.
- 토양 내 잔류 농약과 중금속 등을 중화시킨다.

⑬ 석회
- 토양의 산성을 중화시키며 생석회, 소석회, 탄산석회 등이 있다.

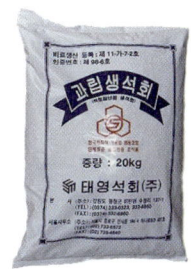

⑭ 부엽토
- 부엽토에 포함된 질소는 토양 내에서 서서히 분해되므로 식물에 지속적으로 질소를 공급할 수 있게 된다.
- 퇴비 속의 유기물은 토양 내에서 미생물의 작용에 의해 부식질을 형성한다. 이 부식질은 토양의 보수력을 증가시키고 토양의 물리성을 향상시켜 토양의 경운을 쉽게 한다.
- 토양의 보비력을 증가시키고 토양의 산성화를 억제한다.

03 | 식물의 영양소와 생리기능

(1) 개요
식물 생육에 필요한 17가지 필수원소

1) 다량원소 : 식물이 많이 흡수하는 원소

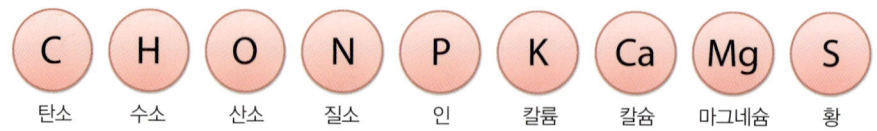

C 탄소 H 수소 O 산소 N 질소 P 인 K 칼륨 Ca 칼슘 Mg 마그네슘 S 황

2) 미량원소 : 식물이 소량 흡수하는 원소

Fe 철 Cl 염소 Mn 망간 Zn 아연 B 붕소 Cu 구리 Mo 몰리브덴 Ni 니켈

- 탄소와 산소는 공기 중의 이산화탄소로부터, 수소는 물로부터 공급받는다.
- 그 밖의 원소는 '무기양분'이라 하며 토양으로부터 공급받는다.

(2) 필수원소에 따른 특징

1) 질소
① 흡수형태 : NO_3^-(질산), NH_4^+(암모늄)
② 생리기능 : 엽록소, 단백질, 핵산, 효소 등의 구성성분
③ 결핍증상
- 활엽수 : 엽록소의 생성이 나빠 잎이 황색으로 변한다. 키가 작고 줄기가 가늘며, 잎이 작아진다.
- 침엽수 : 잎이 짧아지고, 황색으로 변한다.

2) 인

① 흡수형태 : $H_2PO_4^-$(인산염), HPO_4^{2-}(인산염)

② 생리기능 : 핵염색체, 핵산, 원형질막의 구성성분, 세포 내 에너지 공급

③ 결핍증상

- 활엽수 : 잎이 광택이 없는 어두운 녹색을 띠며 잎맥, 잎자루, 잎의 밑부분이 자주색으로 변한다.
- 잎이 엉성하고 작으며 일찍 떨어진다.
- 꽃의 수가 적고 과일의 크기도 작다.
- 침엽수의 경우 어린 나무는 침엽이 자줏빛으로 변하여 고사하고, 다음 잎이 나오지 않으며, 점차 나무의 전체로 퍼져 고사한다. 성숙목은 침엽이 회록색으로 변하고 뿌리가 엉성해진다.

3) 칼륨

① 흡수형태 : K^+(칼륨이온)

② 생리기능 : 효소의 활성제, 세포의 팽압 유지

③ 결핍증상

- 잎이 쭈글쭈글해지고 위쪽으로 말린 후 잎의 가장자리와 엽맥 사이가 황화된다.
- 꽃눈의 수가 적으며, 과실이 작고 색이 흐리다.
- 침엽수의 경우 오래된 잎부터 짙은 녹색을 띠기 시작하여 황색과 적갈색으로 변한 후 고사한다. 어린 나무는 키가 작고 눈이 많이 달리며, 서리의 피해가 자주 일어난다.

4) 칼슘

① 흡수형태 : Ca_2^+(칼슘이온)

② 생리기능 : 세포벽의 구성성분, 세포 내 대사작용 조절, 효소의 활성제

③ 결핍증상

- 식물체 안에서 이동이 잘 안 되는 영양소이므로 어린 잎과 생장점, 가지 끝부분에서 증상이 나타난다.

- 잎이 백화되거나 괴사하며, 어린 잎이 작고 뒤틀린다.
- 가지의 끝이 마르고 성장이 저해된다.
- 침엽수의 경우 정상 부근의 가장 어린 잎의 생육이 저해되고 고사한다.

5) 마그네슘
　① 흡수형태 : Mg_2^+(마그네슘이온)
　② 생리기능 : 엽록소의 구성성분
　③ 결핍증상

- 잎이 얇고 부서지기 쉬우며, 빨리 떨어진다. 성숙한 잎은 잎 가장자리와 엽맥 사이가 백화된다.
- 침엽수의 경우 잎이 주황빛이 나는 노란색이나, 간혹 붉은색을 띠기도 한다.

6) 황
　① 흡수형태 : SO_4^{2-}(황산)
　② 생리기능 : 단백질, 조효소의 구성성분
　③ 결핍증상

- 잎이 전체적으로 황록색으로 변한다.
- 침엽수의 경우 침엽의 끝이 황색이나 적색으로 변한 후 괴사한다.

7) 붕소
　① 흡수형태 : $H_2BO_3^-$(붕산)
　② 생리기능 : 분열조직의 발달, 꽃가루의 발아, 유관속의 발달, 세포막의 형성 등에 관여
　③ 결핍증상

- 잎이 적색으로 변하며, 어린 잎에 증상이 먼저 나타난다.
- 잎이 작고 두꺼워지며, 부서지기 쉽다.
- 꽃의 수가 적어지고, 열매가 성숙하기 전에 떨어진다.

8) 철

① 흡수형태 : Fe^{2+}, Fe^{3+}(철이온)

② 생리기능 : 광합성과 호흡대사에 관련하며, 엽록소의 합성에 관여한다.

③ 결핍증상

- 어린 잎의 엽맥 사이가 황색을 띠며, 엽맥은 정상이다. 심해지면 잎의 가장자리와 끝이 흑갈색으로 변하면서 떨어진다.
- 잎이 작아지는 경향이 있고, 가지의 길이는 정상이나 굵기는 가늘다.
- 침엽수의 경우 새순이 황색을 띠고 작게 자란다.

9) 망간

① 흡수형태 : Mn^{2+}(망간이온)

② 생리기능 : 효소를 활성한다. 광합성 과정에서 산소를 발생시킨다.

③ 결핍증상

- 어린 잎의 엽맥 사이가 노란색으로 변하며, 나중에 괴사한 반점이 나타난다.
- 과실은 정상보다 작다.
- 침엽수의 경우 새순이 황색을 띠고 작게 자라며, 철 부족과 함께 나타나기 때문에 구별이 어렵다.

10) 아연

① 흡수형태 : Zn^{2+}(아연이온)

② 생리기능 : 옥신 호르몬 및 단백질 합성과 관련 있다.

③ 결핍증상

- 잎이 노랗게 변하고, 크기가 작다.
- 오래된 잎이 떨어진다.
- 가지와 잎의 크기가 매우 작아지고, 잎이 노랗게 변한다.

11) 구리

① 흡수형태 : Cu^{2+}(구리이온)

② 생리기능 : 엽록체의 구성성분, 산화효소의 구성성분

③ 결핍증상
- 잎이 작고 부분적으로 괴사하며, 가지의 끝부분이 갈색으로 변한다.
- 침엽수의 경우 어린 잎의 끝부분이 고사하며 일찍 떨어진다.

12) 몰리브덴

① 흡수형태 : MoO_4^{2-}(몰리브덴산)

② 생리기능 : 질산환원효소의 구성성분

③ 결핍증상
- 잎에 나타나는 증상은 질소의 결핍증상과 비슷하다.
- 꽃의 수가 적고 크기도 작다.
- 줄기의 절간이 짧다.

13) 염소

① 흡수형태 : Cl^-(염소이온)

② 생리기능 : 광합성 작용에 역할, 효소의 활성화, 세포액의 pH 조절, 기공의 개폐 조절

③ 결핍증상 : 아래쪽 잎의 끝이 시들기 시작하여 전체가 시들고 황갈색으로 고사한다.

14) 니켈

① 흡수형태 : Ni^{2+}(니켈이온)

② 생리기능 : 요소(urea)분해효소의 구성성분

③ 결핍증상 : 잎이 괴사한다.

*그림자료 : 하태주, 천안연암대학

04 | 비료의 종류

- 비료란 식물에 영양을 주거나 식물의 재배를 돕기 위하여 토양이나 식물에 공급하는 물질을 말한다.
- 비료는 제조방법, 성분, 모양, 효과의 지속기간 등에 따라 분류할 수 있다.

구분		성분	비료의 종류
무기질비료	단일비료	질소질 비료	요소, 황산암모늄(유안)
		인산질 비료	용성인비, 용과린
		칼륨질 비료	염화칼륨, 황산칼륨
		석회질 비료	생석회, 소석회
		마그네슘질 비료	황산마그네슘
	복합비료	제1종 복합비료	질소, 인산, 칼륨 중 두 가지 성분 이상을 함유한 비료 인산암모늄, 질산칼륨, 황산인산암모늄, 인산칼륨 등
		제2종 복합비료	질소, 인산, 칼륨 비료와 제1종 복합비료 중 두 가지 이상을 배합한 비료
		제3종 복합비료	제2종 복합비료와 유기물을 배합한 비료
		제4종 복합비료	액체 비료
유기질비료			어박, 골분, 계분가공비료, 퇴비, 부숙겨, 부엽토, 부숙톱밥

(1) 무기질비료

- 무기질비료란 비료 성분이 무기화합물의 형태로 함유되어 있는 비료를 말하며, 대부분 화학적 공정에 의해 제조된 화학비료이다.
- 질소, 인산, 칼륨 중 한 가지 성분만 가지고 있는 비료를 단일비료(단비)라고 하고, 두 가지 성분 이상을 가지고 있는 비료를 복합비료(복비)라고 한다.
- 각각의 성분 함량을 13-6-8과 같이 %로 나타내어 구별한다.

1) 질소질 비료

① 요소

- 요소는 질소 함량이 46%인 고농도의 질소질 비료이다.
- 물에 잘 녹고 수분을 흡수하는 성질이 커서 입상으로 만들어 판매되고 있다.
- 토양을 산성화시키지 않는 중성비료이다.
- 물에 녹여 엽면시비하면 효과가 좋으며, 0.2~1.0% 범위에서 적정농도를 선

택하여 사용한다.

제품명	입상요소
성분	질소 46%, 입상
포장단위	20kg
용도	• 밑거름과 웃거름 모두 이용 가능 • 물에 녹여 엽면시비를 할 수 있음 • 구형의 굵은 입자로 되어 있음
제조사	경기화학

제품명	슈퍼알이
성분	질소 46%, 입상
포장단위	20kg
용도	• 밑거름과 웃거름 모두 이용 가능 • 물에 녹여 엽면시비를 할 수 있음 • 굵은 입자로 되어 있으며, 완효성 피복제가 첨가되어 효과가 지속적임
제조사	남해화학(주)

제품명	요소
성분	질소 46%, 입상
포장단위	20kg
용도	• 밑거름과 웃거름 모두 이용 가능 • 물에 녹여 엽면시비를 할 수 있음 • 굵은 입자로 되어 있음
제조사	KG케미칼

② 유안
- 유안은 질소 함량이 21%인 흰색의 결정체로서 물과 토양에 잘 녹는다.
- 속효성 비료이므로 웃거름 중심으로 여러 번 나누어 사용하는 것이 좋다.

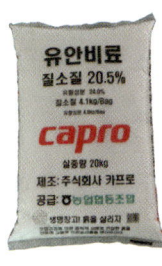

제품명	유안
성분	질소 21%, 입상
포장단위	20kg
용도	• 밑거름과 웃거름 모두 이용 가능 • 사질토에서는 유실되기 쉬우므로 여러 번 나누어 시비 • 석회질소, 용성인비, 용융석회, 재 등과 같은 염기성 제품과 섞으면 암모니아가 날아가므로 혼합하지 않음
제조사	카프로(주)

2) 인산질 비료

① 용성인비

- 용성인비는 인산의 함량이 20% 이상이며, 마그네슘(고토), 석회, 규산, 철, 망간, 몰리브덴, 아연 등의 미량원소도 함유하고 있어 종합적인 효과가 있다.
- 지효성 비료로서 비료 효과가 늦지만 오랫동안 지속된다.
- 석회 성분이 있어 산성 토양을 중화시킬 수 있다.
- 밑거름으로 사용한다.

제품명	용성인비(종토비)
성분	인산 17%, 마그네슘 13%, 붕소 0.3%, 알칼리분 45%, 석회 23%, 규산 15%, 철, 아연, 망간, 구리, 몰리브덴 등 미량원소 약간
포장단위	20kg
용도	• 인산, 고토, 석회, 규산, 붕소와 철, 아연등 미량요소가 함유되어 있으며, 토양 개량 효과가 있음 • 효과가 오래 지속됨 • 산성 토양, 화산회 토양, 염기성 물질이 용탈된 곳에 사용
제조사	풍농(주)

② 용과린

- 용과린은 속효성과 지효성을 모두 가지고 있는 인산질 비료이다.
- 인산 외에 마그네슘, 석회, 유황과 약간의 미량원소도 함유하고 있다.
- 밑거름으로 사용한다.

제품명	용과린
성분	인산 20%, 마그네슘 2.5%, 석회 27%, 규산 10%, 유황 등 약간
포장단위	20kg
용도	• 속효성인 과석과 완효성인 용성인비를 혼합 제조하여 생육 초기부터 후기까지 비료 효과가 지속됨 • 인산, 고토, 석회, 규산, 유황 등을 함유한 인산질 비료로 토양개량 효과가 있음 • 전량 밑거름으로 사용
제조사	KG케미칼(주)

3) 칼륨질 비료

칼륨질 비료는 광합성 산물의 전류를 증진하는 기능과 여러 효소반응계를 활성화하는 기능이 있다.

① 염화칼륨

• 염화칼륨은 칼륨 함량이 60% 이상이며, 수용성이고 속효성이다.

제품명	염화칼륨
성분	칼륨 60%
포장단위	20kg
용도	밑거름이나 웃거름으로 모두 사용할 수 있으나 밑거름으로 사용할 때는 질소질 비료, 인산질 비료와 함께 사용해야 함
제조사	(주)한농

② 황산칼륨

• 황산칼륨은 칼륨 함량이 45% 이상이며, 수용성이고 속효성이다.

제품명	황산칼륨
성분	칼륨 45%, 유황 16%
포장단위	20kg
용도	• 입상으로 되어 있으며 다른 복합비료와 혼합이 가능함 • 뿌리의 발육을 도와 식물 생육이 왕성해지며, 수량이 증가하고 품질이 좋아진다.
제조사	(주)남해화학

4) 석회질 비료

- 석회질 비료의 사용 목적은 토양의 산성을 교정하고, 토양미생물의 활성을 높여 유기물의 분해를 촉진시키며, 토양의 입단화, 토양 내 양분의 유효도를 높이는 등 토양의 성질을 전반적으로 개량하는 데 있다.
- 석회질 비료의 종류로는 석회고토, 생석회, 소석회 등이 있다.
- 석회고토는 석회석을 분쇄한 것으로서 석회성분 32%, 마그네슘(고토)성분 15%를 함유하고 있으며, 마그네슘 시용 효과도 크다.
- 생석회는 탄산석회(석회석)를 태운 산화물로, 알칼리 성분을 80% 이상 함유하고 있다.
- 소석회는 생석회에 물을 넣어 만든 비료로서 알칼리 성분이 60% 이상이다.

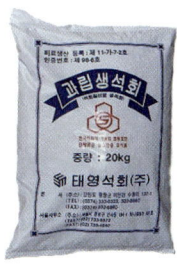

제품명	과립생석회
성분	칼슘 80%
포장단위	20kg
용도	• 산성 토양의 중화 • 수목의 영양 공급
제조사	태영석회(주)

5) 복합비료

- 질소, 인산, 칼륨 중 두 가지 성분 이상을 함유한 비료를 말한다.
- 비료의 영양성분이 13-6-8로 표시된 경우 질소-인산-칼륨의 비율(%)을 말한다.
- 조경수목의 경우 복합비료는 3~5년에 한 번씩 사용해도 충분하다.

제품명	조경용 고형 복합비료
성분	질소 13%, 인산 6%, 칼륨 8%, 마그네슘(고토) 3%, 붕소 0.2%
포장단위	20kg
용도	• 조경수(성목) 관리에 사용됨 • 효과가 오래 지속됨 • 조개탄 모양의 고형비료임
제조사	KG케미칼(주)

제품명	산림용 고형 복합비료
성분	질소 12%, 인산 16%, 칼륨 4%, 마그네슘(고토) 2%
포장단위	20kg
용도	• 조개탄 모양으로 인산질 성분이 강화된 비료로 어린 나무의 뿌리 활착에 효과 있음 • 효과가 오래 지속됨
제조사	KG케미칼(주)

(2) 유기질비료

- 유기질비료는 생물체의 찌꺼기, 즉 유기물을 발효시켜서 만든 비료이다.
- 어박, 골분, 유박, 가공계분, 건계분, 퇴비, 가축분퇴비, 부엽토, 부숙톱밥 등이 있다.
- 양분 공급이 지속적이며 손실이 적어 이용률이 높다.
- 비료 성분 함량이 높지 않아 농도 장해를 일으키지 않는다.
- 토양의 입단화를 조장하여 통기성 및 보수성을 좋게 하고, 토양의 무기양분의 흡착능력(보존능력)을 향상시킨다.
- 토양을 부드럽게 하여 뿌리의 신장을 돕는다.
- 함유성분이 다양하며 유용한 미생물의 번식을 돕는다.

제품명	하나로 조경용 유기질 1호
성분	질소 4%, 인산 2%, 칼륨 1%, 유기물 70%, 제오라이트 20%
포장단위	20kg
용도	• 유기질비료에 미생물과 토양개량제를 첨가함 • 순식물성박으로 조성 • 입상으로 시비가 용이함
제조사	KG케미칼(주)

제품명	오게비트
성분	질소 4%, 인산 2.5%, 칼륨 2.3%, 칼슘 9.3%, 마그네슘 1.1%, 유기물 65%
포장단위	20kg
용도	• 완전히 부숙되어 가스 발생이 없음 • 입상으로 시비가 용이함
제조사	동부하이텍

제품명	부산물 비료 퇴비
성분	채종유박 70%, 아마박 20%, 미강유박 10%
포장단위	20kg
용도	• 완전 숙성되어 있어 시비 시 즉시 효과가 나타남 • 완전 탈취되어 있음
제조사	흥창비료공업사

제품명	부산물 비료
성분	계분 20%, 우분 10%, 돈분 20%, 톱밥 50%
포장단위	20kg
용도	• 질소, 인산, 칼륨을 모두 함유하고 있음 • 연용하여 시비 가능
제조사	승진비료

제품명	바이오테크 부엽토
성분	부엽토 70%, 초탄 10%, 피트모스 5%, 질석 5%, 미생물제 5%
포장단위	20kg
용도	• 천연부엽토로 제조 • 토양을 입단화하여 토양의 물리성 개량
제조사	태흥 F&G

제품명	그린원(액체 유기질비료)
성분	질소, 인산, 칼륨, 석회, 망간, 붕소, 철, 마그네슘, 유기물
포장단위	500mL, 1L, 2L
용도	• 엽면시비용과 토양관주용 모두 사용 • 효과를 빨리 나타내고자 할 때 사용
제조사	(주)제이케이그린

05 | 비료 주는 방법

(1) 토양 표면에 비료 주기

- 수목 주위의 토양 표면에 비료를 흩어 뿌리는 방법이다.
- 빠르고 간단한 방법이지만, 비료의 유실량이 많아 토양 표면에서 뿌리까지 쉽게 이동할 수 있는 질소비료(속효성)나 킬레이트된 4종 복합비료를 줄 때 적합하다.
- 고형비료를 골고루 뿌린 다음 물을 충분히 주어 비료 성분이 뿌리까지 이동할 수 있도록 한다.
- 비료를 주는 곳은 나무의 수관 가장자리 아래를 돌아가며 주면 된다.

[토양 표면에 비료 주기]

(2) 토양 속에 비료 주기

- 토양에 구멍을 뚫거나 도랑을 파서 토양 속에 비료 성분을 직접 넣어주는 방법이다.
- 토양에서 이동속도가 느린 양분(인, 칼륨, 칼슘)과 유기질비료를 줄 때 적합하며, 토양 표면이 잔디로 덮여 있을 경우에 실시한다.
- 이 방법은 토양 내 공기의 흐름도 좋게 한다.

[토양 속에 비료 주기(천공시비)]

1) 천공시비
   - 나사식 드릴이 부착된 천공기를 이용하여 직경 3~4cm의 구멍을 15cm 깊이로 판다.
   - 뿌리가 다치지 않도록 나무 밑동 가까이는 뚫지 않도록 하며, 특히 근원직경 30cm 이상 되는 나무는 반경 1m 정도를 남겨둔다.
   - 구멍에 비료를 넣은 후 관수한다.

2) 도랑시비
   - 수관선 가장자리에 깊이 25~50cm 정도의 도랑을 파고 비료를 채운 뒤 흙을 덮는다.
   - 도랑을 파는 방법에 따라 방사상시비, 윤상시비, 전면시비, 점상시비, 선상시비 등이 있다.
   - 작은 나무들이 가깝게 식재된 경우 전면시비를 한다.
   - 큰 나무들이 넓은 간격으로 식재된 경우 방사상시비를 한다.
   - 생울타리는 선상시비를 한다.

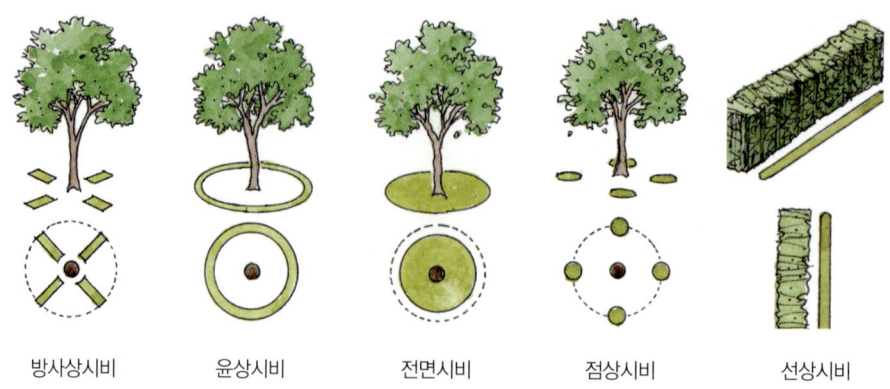

| 방사상시비 | 윤상시비 | 전면시비 | 점상시비 | 선상시비 |

[토양 속에 비료 주기(도랑시비)]

3) 액체비료 주기
- 나무의 수관선 안쪽에 15cm 깊이로 주입기를 집어넣는다.
- 1개 구멍에 0.5~4L정도씩 주입하고 나무 전체를 돌아가며 준다.
- 이 방법은 건조한 지역에서 토양 내에 즉시 양분을 공급하고자 할 때 실시한다.

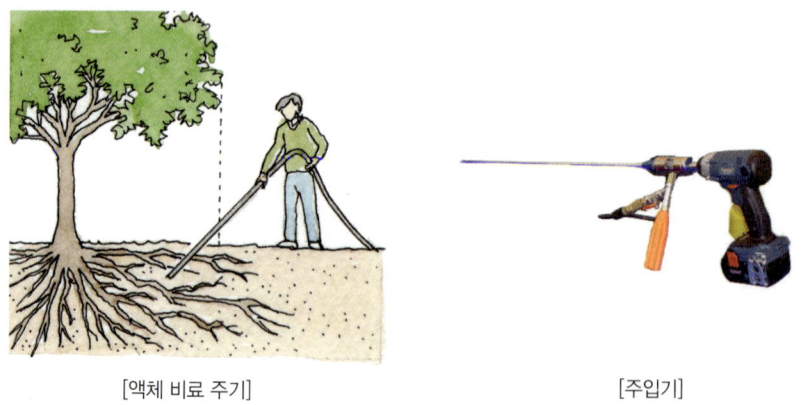

[액체 비료 주기]　　　　　　[주입기]

(3) 엽면시비

- 액체비료를 잎에 직접 뿌려주는 방법으로 뿌리에 장해가 있어 양분 흡수가 어려울 때, 특정 양분을 고정시키는 토양조건일 때, 수목의 건강상태가 극히 나쁠 때 사용한다.

- 엽면시비용 비료에는 요소, 제4종복비(액비), 썰포마그, 액상칼슘, 황산마그네슘, 염화마그네슘, 붕소, 몰리브덴, 망간 등이 사용된다.
- 바람이 없는 날 아침이나 저녁에 실시하고, 낮에는 피한다.
- 비료의 희석액이 잎에서 방울져 떨어질 때까지 분무한다.

【엽면시비용 비료】

상품명		성분	농도
요소 (질소질 비료)		• 질소 46%	1~2%(100배액)
하이포넥스 (제4종 복합비료)		• 질소 6%, 인산 5% • 칼륨 5% • 망간 0.0015% • 아연 0.0005% • 붕소 0.0001% • 고토(마그네슘) 0.056% • 몰리브덴 0.0006%	0.1~0.2% (500~1000배액)
썰포마그 (마그네슘질 비료)		• 칼륨 22% • 고토(마그네슘) 18% • 유황 22% • 규산 0.15% • 칼슘 0.1%	
칼슘테크 (제4종 복합비료)		• 칼슘, 인산, 칼륨	0.1%(1000배액)
황산고토비료 녹비-골드 (마그네슘질 비료)		• 마그네슘 16%	0.5%(200배액)

상품명	성분	농도
붕산비료 (붕산질 비료)	• 붕소 50%	0.1%(1000배액)
그린원 (유기질액체비료)	• 질소, 인산, 칼륨, 석회, 망간, 붕소, 철, 마그네슘, 유기물	1%(100배액)

(4) 수간주입

- 뿌리의 기능이 원활하지 못할 때, 빠른 수세회복을 원할 때, 양분의 이동이 원활하지 못할 때 사용하며, 나무의 수간에 상처를 남기므로 꼭 필요한 경우에만 실시한다.
- 수간주입은 수간에 드릴로 구멍을 뚫어 미량양분의 원액 또는 희석액을 주입하는 방법으로서 효과가 빠르다.
- 나무에 잎이 있는 5~9월에 맑게 갠 날 실시한다.
- 주입방법으로 중력이용법, 젤라틴캡슐삽입법, 압력식 주입법 등이 있다.

1) 중력식 수간주입방법

① 수간주입용 병을 키 높이 정도 되는 곳에 끈으로 매단다.
② 굵은 뿌리가 땅 위에 나와 있는 경우는 굵은 뿌리에 구멍을 뚫고, 만일 굵은 뿌리가 노출되어 있지 않다면 땅 위 15~20cm 사이에 구멍을 뚫는다.
③ 지름 10mm(주사기의 끝부분과 같은 크기), 5cm 깊이(수피를 통과한 후 2~3cm가량 목부의 안쪽으로 더 들어간 깊이)의 구멍을 20~30° 각도로 뚫고, 반대편에도 같은 방법으로 뚫는다.
④ 구멍 안의 나무 부스러기를 깨끗이 제거한다.
⑤ 나무에 매단 수간주입용 병에 약액을 부어 넣는다.
⑥ 주입기로 약액이 흘러나오게 하여 구멍 안을 약액으로 가득 채워 공기를 완전히 빼낸다.

⑦ 주입기를 구멍에 완전히 끼워 약액이 흘러나오지 않도록 고정하고, 같은 방법으로 나머지 호스를 반대편의 구멍에도 끼워 넣는다.
⑧ 병 속의 약액이 다 없어지면 나무에서 수간주입기를 걷어내고 도포제(톱신페스트)를 바른 다음 코르크 마개로 막는다.

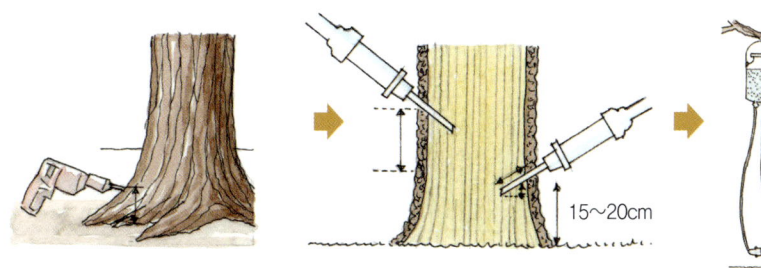

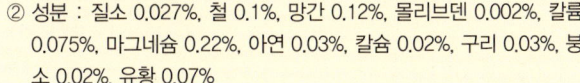

2) 압력식 수간주입방법

① 주입용 구멍의 뚫는 위치를 결정하되, 사람의 눈에 잘 띄지 않는 곳으로 정하고, 주입량이 많은 경우는 2~3개소를 정하여 나누어 주입한다.
② 직경 9mm의 드릴을 사용하여 깊이 5cm의 구멍을 45° 각도로 뚫고, 구멍 안의 톱밥 잔재물을 모두 제거한다.
③ 고무관을 구멍에 꽉 끼게 주입한다.
④ 주입용 노즐에 갈아둔 용기를 고무관 구멍에 주입한다.

⑤ 주입 시 회전시키면서 안정될 때까지 2~3cm 깊이로 밀어 넣는다. 완전히 밀착시켜야 약액이 흐르지 않는다.
⑥ 이때 공기 빼는 요철부가 위에 위치하도록 한다.
⑦ 용기를 여러 번 손으로 눌러 노즐 부분의 공기를 밀어낸다.
⑧ 자연압으로 소량씩 주입되지만 수목개체의 차이에 의해 주입시간은 일정하지 않다.
⑨ 잔량이 보이도록 되어 있으므로 전량 주입을 확인한 후에 새로운 용기를 설치하며, 용기는 주입구의 용액이 남아 있는 상태로 바꾼다.
⑩ 주입 완료 후 고무관을 뽑고, 코르크로 구멍을 막는다.

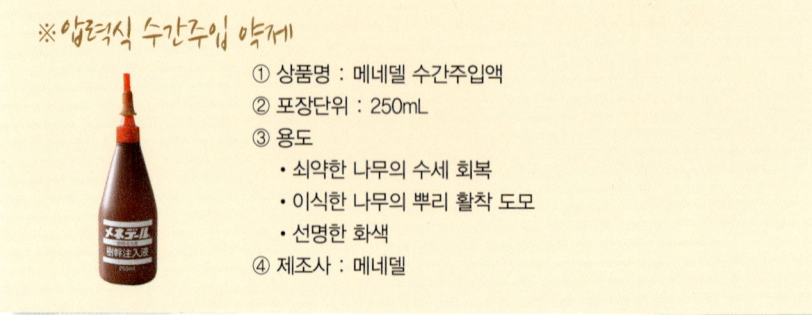

※ 압력식 수간주입 약제

① 상품명 : 메네델 수간주입액
② 포장단위 : 250mL
③ 용도
 • 쇠약한 나무의 수세 회복
 • 이식한 나무의 뿌리 활착 도모
 • 선명한 화색
④ 제조사 : 메네델

06 | 시비시기

(1) 밑거름
- 10월 하순~11월 하순(낙엽이 진 후부터 땅이 얼기 전까지)
- 2월 하순~3월 하순(새잎이 나기 전까지)

(2) 웃거름
- 4월 하순~6월 하순(수목생장기)

07 | 시비량

(1) 밑거름

1) 교목

구분 \ 근원직경(cm)	5	10	15	20	30	40	50	60	70	80	100
유기질비료(kg)	6	10	20	30	45	45	45	45	45	45	45
복합비료(g)	30	50	100	120	150	150	150	150	150	150	150
유기질액비(mL)	30	50	100	150	250	400	600	700	800	900	1,000

※ 자료 : 조경공사적산기준(2010). p338.
※ 유기질액비 그린원의 경우 100배액 기준

2) 관목

구분 \ 수고(m)	0.3	0.5	0.7	1.0	1.5	2.0
유기질비료(kg)	0.5	1.0	1.0	1.5	2.0	2.5
복합비료(g)	10	15	15	20	25	30
유기질액비(mL)	15	15	15	30	30	30

※ 자료 : 조경공사적산기준(2010). p338.
※ 유기질액비 그린원의 경우 100배액 기준

3) 웃거름

수종	구분	시비량	
		유기질비료(kg)	복합비료(g)
교목류	대목	5	200~300
	소목	3	50~100
관목류	대목	3	100~200
	소목	1	20~30
잔디 · 초화류			20~30g/m^2

*자료 : 고속도로 조경실무(2005), p225.

Plants Management

제4장
제초관리

01 | 개요

- 잡초란 '원하지 않는 곳에 자라는 풀'을 말한다.
- 잡초는 수목 및 잔디와 광선, 양분, 수분 등을 경합하며 정원의 경관을 해친다.
- 정원의 미관 및 수목과 잔디의 건강한 생육을 위하여 정기적으로 제초를 해야 한다.
- 제거하려는 잡초의 종류, 생태를 파악하면 효과적인 방제를 할 수 있다.

02 | 잡초의 특성

- 광합성 효율이 높고 생장이 빠르다.
- 종자의 생산량이 많고, 종자가 가벼워 멀리까지 이동이 가능하다.
- 불량한 환경에서도 발아와 생장을 할 수 있다.
- 어릴 때부터 생식생장을 하며 개화 후 성숙이 빠르다.
- 종자번식과 영양번식을 함께 하여 번식력이 좋다.

03 | 잡초의 분류

- 잡초는 크게 형태와 생활형에 따라 분류한다.
- 형태적 특성에 따라 화본과 잡초, 사초과(방동사니과) 잡초, 광엽잡초로 분류한다.
- 생활형에 따라 일년생과 다년생으로 분류한다.

1) 형태에 따른 분류
① 화본과 잡초
- 화본과(벼과)에 속하는 잡초를 말한다.
- 잎이 좁고 길며, 잎맥이 평행하다.
- 줄기가 둥글고 속이 비었으며, 마디가 있다.
- 피, 바랭이, 뚝새풀, 강아지풀 등이 있다.

② 사초과 잡초
- 사초과(방동사니과) 잡초는 화본과와 비슷하지만 줄기가 삼각형이고, 속이

차 있으며, 마디가 없다.
- 너도방동사니, 참방동사니, 향부자, 올방개, 매자기, 올챙이고랭이 등이 있다.

③ 광엽잡초
- 광엽잡초란 화본과나 방동사니과에 속하지 않는 잡초로서 잎은 넓고 평평하며 잎맥이 그물맥이다.
- 망초, 개망초, 토끼풀, 쑥, 닭의장풀, 여뀌, 중대가리풀, 깨풀 등이 있다.

[화본과 잡초]

[사초과 잡초]

[광엽잡초]

2) 생활형에 따른 분류
　① 일년생 잡초
　　• 일년생 잡초란 1년 이내에 개화하여 종자를 생산한 다음 고사하는 잡초를 말한다.
　　• 종자로 번식하므로 멀리까지 이동이 가능하다.
　　• 바랭이, 피, 쇠비름, 뚝새풀, 냉이, 닭의장풀, 개망초, 애기땅빈대, 여뀌 등이 있다.
　② 다년생 잡초
　　• 다년생 잡초란 2년 이상 생존 가능한 잡초를 말한다.
　　• 뿌리와 같은 영양체로 번식을 하며, 이동성이 떨어진다.
　　• 민들레, 쑥, 쇠뜨기, 토끼풀 등이 있다.

04 잡초의 종류

(1) 강아지풀

- 일년생 화본과 잡초
- 특징 : 높이 40~70cm로 자라며 개화기는 7~8월이다.
- 약제방제 : 일년생 제초제, 화본과 제초제, 비선택성 제초제

(2) 바랭이

- 일년생 화본과 잡초
- 특징 : 높이 40~70cm로 자라며 개화기는 7~8월이다. 키가 크고, 분얼이 많아지면 뿌리가 발달해서 뽑아내기 힘들고 제초제 내성도 높아지므로 3~5엽기에 방제한다.
- 약제방제 : 일년생 제초제, 화본과 제초제, 비선택성 제초제

(3) 방동사니

- 일년생 사초과 잡초
- 특징 : 높이 30~50cm로 자라며 개화기는 8~10월이다. 습한 장소에 많이 발생한다. 13℃에서 발생을 시작하여 20℃가 되면 왕성하게 발생한다. 뿌리가 깊지 않아 토양처리제로 방제되고 손으로 뽑기도 쉽다.
- 약제방제 : 일년생 제초제, 비선택성 제초제

(4) 깨풀

- 일년생 광엽잡초
- 특징 : 대극과, 높이 30~50cm로 자라며 7~8월에 갈색 꽃이 핀다. 제초제에 대한 내성이 강하다. 생육 초기에 광엽잡초용 선택성 제초제나 생육 중기에 비선택성 제초제를 살포한다.
- 약제방제 : 일년생 제초제, 광엽잡초용 제초제, 비선택성 제초제

(5) 닭의장풀

- 일년생 광엽잡초
- 특징 : 닭의장풀과, 높이 15~50cm로 자라며, 7~8월에 하늘색 꽃이 핀다. 비교적 한랭지 잡초로서 저온에서 발아와 생장이 잘 된다. 뿌리가 깊게 자라고 발생기간도 길다.
- 약제방제 : 일년생 제초제, 광엽잡초용 제초제, 비선택성 제초제

(6) 마디꽃

- 일년생 광엽잡초
- 특징 : 부처꽃과, 높이 12~15cm로 자란다. 7~8월에 개화한다.
- 약제방제 : 일년생 제초제, 광엽잡초용 제초제, 비선택성 제초제

(7) 망초(개망초)

- 일년생 광엽잡초
- 특징 : 국화과 잡초, 높이 100~150cm로 자라며, 7~9월에 개화한다. 망초는 꽃이 작아 꽃망울처럼 보이고, 개망초는 흰 국화처럼 보인다.
- 약제방제 : 일년생 제초제, 광엽잡초용 제초제, 비선택성 제초제

(8) 명아주

- 일년생 광엽잡초
- 특징 : 명아주과, 높이 100cm로 자라며, 이른 봄부터 초여름까지 계속 발생한다. 내음성 잡초로 그늘에서 잘 자란다.
- 약제방제 : 일년생 제초제, 광엽잡초용 제초제, 비선택성 제초제

(9) 개비름

- 일년생 광엽잡초
- 특징 : 비름과 잡초, 높이 100cm로 자라고, 개화기는 7월이다. 잎이 무성하고 초기 생장속도가 매우 빠르다. 토양처리제로 방제된다.
- 약제방제 : 일년생 제초제, 광엽잡초용 제초제, 비선택성 제초제

(10) 쇠비름

- 일년생 광엽잡초
- 특징 : 쇠비름과 잡초, 높이 30cm로 자라며, 가을에 개화한다. 여름철 고온을 좋아하고 가뭄에 잘 견딘다. 줄기를 절단해도 재생할 수 있다. 토양처리제로 방제된다.
- 약제방제 : 일년생 제초제, 광엽잡초용 제초제, 비선택성 제초제.

(11) 석류풀

- 다년생 광엽잡초
- 특징 : 석류풀과, 높이 10~30cm로 자라며, 개화기는 7~10월이다.
- 약제방제 : 일년생 제초제, 광엽잡초용 제초제, 비선택성 제초제

(12) 서양민들레

- 다년생 광엽잡초
- 특징 : 국화과, 높이 10~25cm로 자라며, 개화기는 3~4월이다.
- 약제방제 : 다년생 제초제, 광엽잡초용 제초제, 비선택성 제초제

(13) 여뀌

- 일년생 광엽잡초
- 특징 : 마디풀과, 높이 30~70cm로 자라며 개화기는 6~9월이다. 평균기온 7~10℃에서 발생하여 초여름까지 계속된다. 종자는 토양에서 4년 이상 생존한다.
- 약제방제 : 일년생 제초제, 광엽잡초용 제초제, 비선택성 제초제

(14) 환삼덩굴

- 일년생 광엽잡초
- 특징 : 삼과, 길이 3m 이상 자라며, 개화기는 7~9월이다. 생장이 빠르고 기어가거나 나무를 타고 올라간다. 생육기에 경엽처리제로 방제한다.
- 약제방제 : 일년생 제초제, 광엽잡초용 제초제, 비선택성 제초제

(15) 메꽃

- 다년생 광엽잡초
- 특징 : 메꽃과, 높이 50~100cm로 자라며, 개화기는 6~8월이다. 메꽃은 강우기가 되면 싹이 나와 인접 식물이나 울타리 등을 감고 올라간다. 여름이 지나면 지하경에 양분을 저장하고 지상부는 고사하므로 고사하기 전에 제초제를 처리한다.
- 약제방제 : 다년생 제초제, 광엽잡초용 제초제, 비선택성 제초제

(16) 쇠뜨기

- 다년생 광엽잡초
- 특징 : 속새과, 높이 30~40cm로 자란다. 3월부터 나오기 시작하여 11월까지 자란다. 지하번식기관인 근경은 토양 깊은 곳까지 뚫고 들어간다. 방제는 토양처리제보다는 비선택성이며 흡수이행성인 경엽처리제로 방제한다.
- 약제방제 : 다년생 제초제, 광엽잡초용 제초제, 비선택성 제초제

(17) 쑥

- 다년생 광엽잡초
- 특징 : 국화과, 높이 100~150cm로 자라며, 개화기는 7~8월이다. 2~10월 사이에 생장한다. 어느 한 장소에 터를 잡으면 군생을 한다. 자신의 영역을 지키기 위해 타감물질을 분비한다.
- 약제방제 : 다년생 제초제, 광엽잡초용 제초제, 비선택성제초제

(18) 토끼풀

- 다년생 광엽잡초
- 특징 : 콩과, 높이 20~30cm로 자라며, 개화기는 6~7월이다. 뿌리는 10cm 깊이에서 분포한다. 토끼풀은 인접 식물의 생장을 억제하기 위하여 타감물질을 뿌리에서 분비한다.
- 약제방제 : 다년생 제초제, 광엽잡초용 제초제, 토끼풀 전용 제초제, 비선택성 제초제

05 | 물리적 잡초 방제

(1) 풀 뽑기

- 잡초의 밑부분을 잡고 천천히 좌우로 흔들면서 당겨 뽑는다.
- 뿌리가 깊이 있는 잡초는 잡초 제거용 포크나 호미 등의 도구를 사용하여 뽑는다.
- 잡초를 한 손으로 잡고 다른 한 손으로 포크를 뿌리가 있는 땅속으로 삽입한다.
- 포크를 위로 들어 올려 잡초를 뽑되, 줄기나 잎이 끊어져서 뿌리가 남지 않도록 해야 한다.
- 뿌리가 남아 있으면 잡초가 다시 재생된다.
- 제거된 잡초는 식재지 밖으로 반출하여 처리한다.

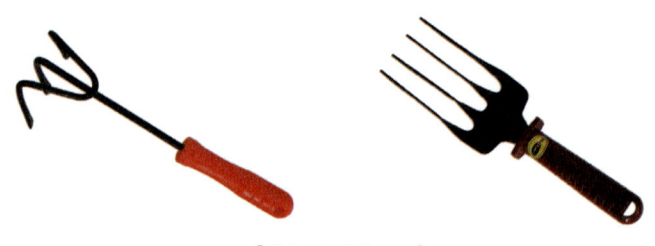

[잡초 제거용 포크]

(2) 풀 깎기

- 잡초의 지상부를 잘라줌으로써 잡초를 제거하는 방법이다.
- 다년생 잡초의 경우 잡초의 윗부분을 깎아도 계속 생장한다.
- 뿌리를 제거하지 않고 윗부분만 계속 깎을 경우 잡초가 확산될 우려가 있다.

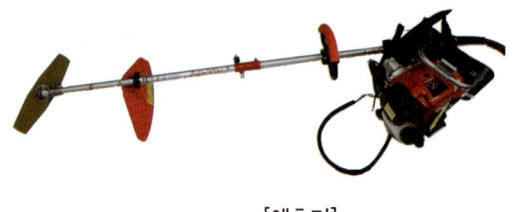

[예초기]　　　　　　　　[수동식 예초기]

(3) 멀칭

- 멀칭이란 토양의 표면을 어떤 물질로 덮는 것을 말하며, 잡초의 발생을 억제시키고 미관을 향상시키는 기능을 한다.
- 멀칭의 재료는 나무껍질(바크), 낙엽, 짚, 자갈, 마사토, 부직포, 비닐 등 다양하나 정원에서는 미관을 고려한 재료를 사용한다.

(4) 경운

- 호미, 삽, 대형 기계류 등을 이용하여 땅을 갈아, 기존 잡초를 억제하고 부분적으로 제거하는 방법이다.

- 땅을 갈아야 하며, 잡초의 영양기관이 완전히 제거되지 않으므로 조경에서 사용하기는 적합하지 않다.
- 경운과 화학적 방제 방법을 복합적으로 사용하면 효과를 얻을 수 있다.

[멀칭의 재료]

06 | 화학적 잡초 방제

(1) 제초제명

- 제초제는 일반명, 품목명, 상표명의 세 종류의 이름이 있다.
- 일반명은 약제의 효과를 발휘하는 유효성분의 종류를 나타내며, 국제적으로 통용되는 이름이다(예 뷰타클로르).
- 품목명은 유효성분과 제제형태를 나타내며, 제초제를 등록할 때 사용한다(예 뷰타클로르 입제).
- 상표명은 제조회사에서 붙인 상품명이다(예 마세트).

(2) 제초제의 분류

구분	제초제의 분류	내용
이행성	이행형 제초제	접촉 부위에 흡수된 후 다른 부위로 이행되는 제초제
	접촉형 제초제	접촉된 부위에 직접 작용하는 제초제
처리방법	토양처리형 제초제	토양에 처리하는 제초제
	경엽처리형 제초제	지상부의 경엽에 처리하는 제초제
선택성	선택성 제초제	잡초의 종류에 따라 독성이 다르게 나타나는 제초제
	비선택성 제초제	모든 잡초에 독성을 나타내는 제초제

1) 제초제 사례

품목명 (일반명)	디캄바 액제 (반벨)	글루포시네이트암모늄 액제 (바스타)	펜디메탈린 유제 (스톰프)
이행성	이행형	이행형	접촉·이행형
처리방법	경엽처리형	경엽처리형	토양처리형
선택성	선택형	비선택형	선택형

(3) 제초제의 종류와 특성

1) 페녹시계 제초제

메코프로프(엠시피피)

품목명	메코프로프 액제(엠시피피 액제)
제품명	영일엠시피피
적용잡초	광엽잡초(토끼풀, 쑥, 메꽃, 쇠뜨기, 명아주, 씀바귀, 애기수영, 닭의장풀)
특징	식물의 경엽을 통해서 흡수된다. 식물체 내의 이행이 빠르고 분해가 늦으므로 잡관목에도 효과가 있다. 토끼풀에 특히 효과가 있어 잔디밭의 토끼풀 제거 시 사용된다. 인근 관상수와 화훼류에 약액이 비산되면 약해가 발생하므로 주의한다.
사용약량	물 20L 당 사용약량 67mL

2) 벤조산계 제초제

디캄바

품목명	디캄바 액제
제품명	반벨
적용잡초	광엽잡초 (토끼풀, 쑥, 망초, 쇠뜨기, 소리쟁이, 메꽃, 아카시아등 잡목)
특징	광엽식물의 뿌리와 경엽을 통해서 흡수된후 이행한다. 토끼풀에 특히 효과가 있어 잔디밭의 토끼풀 제거 시 사용된다. 인근 관상수와 화훼류에 약액이 비산되면 약해가 발생하므로 주의한다. 피, 바랭이와 같은 화본과 잡초에는 효과가 없다.
사용약량	토끼풀은 물 20L 당 사용약량 27mL, 광엽잡초는 물 20L 당 사용약량 17mL

3) 산아미드계 제초제

알라클로르

품목명	알라클로르 유제
제품명	라쏘
적용잡초	일년생 잡초(피, 바랭이, 강아지풀, 둑새풀, 쇠비름, 개비름, 중대가리풀, 망초, 방동사니, 깨풀, 여뀌, 애기땅빈대)
특징	일년생 잡초의 발아억제 효과를 나타낸다.
사용약량	물 20L당 사용약량 42mL

알라클로르

품목명	알라클로르 입제
제품명	라쏘
적용잡초	일년생 잡초(피, 바랭이, 강아지풀, 둑새풀, 쇠비름, 개비름, 중대가리풀, 망초, 방동사니, 깨풀, 여뀌, 애기땅빈대)
특징	일년생 잡초의 발아억제 효과를 나타낸다. 잡초 발생 전에 처리하는 토양처리형 제초제이다.
사용약량	1,000m^2당 사용약량 4kg

뷰타클로르

품목명	뷰타클로르 유제
제품명	마세트
적용잡초	일년생 잡초(바랭이, 피, 쇠비름, 방동사니, 개비름, 여뀌, 애기땅빈대, 깨풀, 중대가리풀 등)
특징	화본과와 방동사니과 잡초에 대한 방제효과가 광엽잡초에 비하여 다소 높다. 잡초 발생 전에 처리하는 토양처리형 제초제이다. 명아주, 닭의장풀, 석류풀에는 효과가 없다.
사용약량	물 20L당 사용약량 40mL

나프로파마이드

품목명	나프로파마이드 수화제
제품명	데브리놀골드
적용잡초	일년생 잡초(바랭이, 쇠비름, 방동사니, 개비름, 애기땅빈대, 중대가리풀 등)
특징	잡초 발생 전에 처리하는 토양처리형 제초제이다. 화본과에 우수하고, 광엽잡초에 약한 편이다.
사용약량	물 20L당 사용약량 58g

4) 트리아진계 제초제

시마진

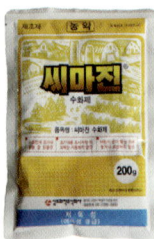

품목명	시마진 수화제
제품명	씨마진
적용잡초	일년생 잡초(쇠비름, 비름, 여뀌, 명아주, 애기땅빈대, 깨풀, 석류풀, 중대가리풀, 방동사니, 닭의장풀, 피, 개비름)
특징	광합성을 저해하며, 효과가 지속적이다. 해빙 직후에 토양에 처리한다.
사용약량	물 20L당 사용약량 43g

5) 설포닐우레아계 제초제

플라자설퓨론

품목명	플라자설퓨론 수화제
제품명	파란들
적용잡초	일년생 잡초 및 다년생 잡초
특징	경엽처리형 제초제이다. 잔디밭의 잡초 제거에 사용된다. 잡초의 초장이 10cm 이하일 때 처리하면 효과적이다.
사용약량	물 20L당 사용약량 9g

플라자설퓨론

품목명	플라자설퓨론 입제
제품명	파란들
적용잡초	일년생 잡초 및 다년생 잡초
특징	경엽 및 토양처리형 제초제이다. 물에 희석하지 않고 잔디밭 전면에 골고루 살포한다. 잡초 초장이 5cm 미만일 때 뿌려준다.
사용약량	1,000㎡당 사용약량 6kg

6) 디니트로아닐계 제초제

펜디메탈린

품목명	펜디메탈린 유제, 펜디메탈린 입제
제품명	스톰프
적용잡초	일년생 잡초(바랭이, 둑새풀, 명아주, 여뀌, 벼룩나물, 쇠비름, 냉이, 애기땅빈대, 방동사니, 중대가리풀, 개비름, 석류풀)
특징	뿌리에서 흡수되어 생장점으로 이행한 후 생장을 억제한다. 대부분의 수목에 피해가 없고, 살초효과도 높다. 잡초 발생 전에 처리하는 토양처리형 제초제이다. 닭의장풀, 깨풀에는 효과가 떨어진다.
사용약량	물 20L당 사용약량 68mL

7) 유기인계 제초제

글리포세이트

품목명	글리포세이트 액제
제품명	근사미
적용잡초	일년생 잡초 및 다년생 잡초(바랭이, 망초, 독새풀, 여뀌, 강아지풀, 쇠비름, 명아주, 개피, 참방동사니, 벼룩나물, 깨풀, 광대나물, 냉이, 쑥, 메꽃, 띠, 엉겅퀴, 토끼풀), 잡목(아까시나무)

특징	비선택성 제초제이다. 경엽에 살포한다. 경엽에 흡수된 후 생장점으로 이행되어 살초효과를 나타낸다.
사용약량	물 20L당 사용약량 207mL

글루포시네이트암모늄

품목명	글루포시네이트암모늄 액제
제품명	바스타
적용잡초	일년생 잡초 및 다년생 잡초(망초, 쑥, 쇠뜨기, 사마귀풀, 닭의장풀)
특징	비선택성 제초제이다. 접촉형 제초제로 약액이 묻은 잎과 줄기만 고사한다. 잡초가 20~30cm 정도 자랐을 때 살포한다. 잡초의 지상부를 고사시키고 뿌리는 죽이지 않으므로 토양에 축적되지 않는다.
사용약량	물 20L당 사용약량 72mL

8) 이미다졸리논계 제초제

이마자퀸

품목명	이마자퀸 액제
제품명	톤-앞
적용잡초	일년생 잡초 및 다년생 잡초(바랭이, 쑥, 냉이, 망초, 쇠비름, 파대가리, 향부자, 닭의장풀)
특징	흡수이행형이다. 잔디밭의 잡초 방제에 적용한다. 잔디의 휴면기나 잡초 발생 전에 토양에 살포한다. 잡초생육 초기에 경엽에 살포한다.
사용약량	물 20L당 사용약량 36mL

9) 니트릴계 제초제

디클로베닐

품목명	디클로베닐 입제
제품명	카소론
적용잡초	일년생 잡초 및 다년생 잡초
특징	흡수이행형 토양처리제이다. 잡초 발생 전에 토양에 살포한다.
사용약량	1,000㎡당 사용약량 4kg

디클로베닐

품목명	디클로베닐 · 이마자퀸 입제
제품명	카이저
적용잡초	일년생 잡초 및 다년생 잡초
특징	흡수이행형 토양처리제이다. 잔디의 휴면기에 살포한다. 잡초 발생 전에 토양에 살포한다.
사용약량	1,000㎡당 사용약량 5kg

(4) 제초제 사용방법

1) 희석 시 필요 약량 계산

- 제초제는 농축액이나 분말로 판매되므로 대개 희석하여 사용한다.
- 희석 시 필요 약량 계산법

희석 시 필요 약량 = 총소요량/희석배수

- 예) 유제나 액제의 경우 농축용액으로 판매되는데, 1,000배액(0.1%) 용액 1L를 만들기 위해 소요되는 약량은

  희석 시 필요 약량(mL) = 1,000mL / 1,000배액 = 1mL

- 예) 수화제나 입제의 경우 분말로 판매되는데, 1,000배액(0.1%) 용액 1L를 만들기 위해 소요되는 약량은

  희석 시 필요 약량(g) = 1,000mL / 1,000배액 = 1g

2) 전착제

- 전착제는 제초제를 희석할 때 약액이 엽면에 넓게 퍼져 부착하게 하고, 체내에 잘 침투하도록 사용하는 보조제다.
- 대부분의 경엽처리형 제초제는 전착제(계면활성제)가 첨가되어 있으므로 사용방법에 특별히 전착제 첨가를 권장하고 있지 않으면 첨가할 필요는 없다.
- 침투 속도를 높이기 위해 1,000~3,000배의 저농도로 첨가할 수 있으며, 너무 많은 양의 전착제는 약액이 유실되어 효과가 떨어진다.

3) 사용방법
① 분무법
- 분무법은 유제와 액제를 물로 희석하거나 수화제와 수용제를 물에 녹인 후 분무기를 사용하여 살포하는 방법이다.
- 살포액의 입자를 100~200㎛ 정도로 작게 하여 안개 형태로 만들어 식물표면에 골고루 부착하도록 한다.
- 분무법은 약제의 혼합이 쉽고 비산이 적으며, 뿌린 후 식물에 부착이 잘 되기 때문에 조경수에서 가장 많이 사용한다.
- 대면적에 살포할 경우에는 동력식 분무기를 사용하고, 소면적일 경우는 수동식을 사용한다.

② 입제살포법
- 입제살포법은 입제로 된 제초제를 식물 표면에 손으로 직접 뿌리는 방법이다.

③ 토양시용법
- 토양시용법은 액제와 입제를 토양 표면 또는 땅 속에 혼합하는 방법이다.

(5) 잡초의 약제 처리방법
1) 정원 및 공원

구분	품목명	상표명	적용잡초	사용방법
해빙 직후	시마진 수화제	씨마진	일년생 잡초	토양처리
잡초 발생 전	알라클로르 유제	라쏘	일년생 잡초	토양처리
	뷰타클로르 유제	마세트	일년생 잡초	토양처리
	나프로파마이드 수화제	데브리놀	일년생 잡초	토양처리
	펜디메탈린 유제	스톰프	일·다년생 화본과·광엽잡초	토양처리
잡초 생육 중기	글루포시네이트암모늄 액제	바스타	일·다년생 잡초	경엽처리
	글리포세이트 액제	근사미	일·다년생 잡초	경엽처리

※자료 : 잡초관리 길잡이(2008). 재작성. p192~199.

2) 잔디밭

처리시기	제품명	상표명	적용잡초	사용방법
잔디휴면기 (11월말~3월말)	디클로베닐 입제	카소론	일·다년생 화본과·광엽잡초	토양처리
	디클로베닐· 이마자퀸 입제	카이저	일·다년생 화본과·광엽잡초	토양처리
잡초 발생 전	이마자퀸 액제	톤-앞	일·다년생 화본과·광엽잡초	토양처리
잡초 생육 초기	이마자퀸 액제	톤-앞	일·다년생 화본과·광엽잡초	경엽처리
	플라자설퓨론 수화제	파란들	일·다년생 화본과·광엽잡초	경엽처리
	디캄바 액제	반벨	토끼풀, 광엽잡초	경엽처리
	메코프로프 액제	엠시피피	토끼풀, 광엽잡초	경엽처리

＊자료 : 잡초관리 길잡이(2008). 재작성. p150~155.

|정|원|관|리|매|뉴|얼|

Plants Management

제5장
관수 및 배수관리

01 개요

- 관수란 식물의 생육에 필요한 수분이 부족할 때 인위적으로 물을 공급하는 것을 말한다. 정원 수목의 유지 관리에 있어서 가장 중요한 요소 중의 하나는 수분의 공급이며, 수분은 식물의 광합성 작용에 필수요소이며, 식물체 내에서 물질을 용해시키고, 양분을 이동시키는 역할을 한다.
- 배수란 불필요한 물을 밖으로 퍼내거나 외부로 배출하는 것을 말하며, 관수와 함께 식물 건강에 매우 중요한 요소이다. 배수가 좋지 못하면 토양 속 산소가 부족해져 뿌리가 호흡을 하지 못해 수목에 피해를 주게 된다.

02 관수

(1) 일반사항

- 기상, 토양, 식물, 용도, 식재지 특성, 관리요구도 등을 고려하여 실시한다.
- 인공지반, 보수성이 낮은 사질토양, 이식지 등의 식물은 수분 부족에 의해 건조 피해가 우려되므로 충분한 관수를 실시한다.

(2) 관수시기

- 강수량과 증발량의 균형이 좋지 못할 때
- 하절기에 1개월 이상 비가 오지 않을 때
- 잎이 시들기 시작할 때
- 토양이 손으로 쥐어 뭉쳐지지 않고 부스러질 때
- 토양장력계로 측정 판단

※ 토양수분장력(pF : potential force)
① 흙 입자와 물의 결합력
② 식물생육최적 pF : 1.8~3
③ 초기위조점 : 토양 수분 감소로 생육이 정지하고 아랫잎이 마르기 시작하는 토양 수분상태. pF 3.9
④ 영구위조점 : 초기 위조점을 넘어 계속 토양 수분이 감소되면, 포화습도의 공기 중에 식물을 놓아도 회복되지 못하는 수분 상태. pF4.2

(3) 관수방법

- 관수방법에는 호스관수, 고랑관수, 분수관수, 살수관수, 미스트관수, 점적관수, 지중관수, 저면관수 등이 있다.

① **호스관수** : 호스를 이용하여 직접 원하는 곳에 수분을 공급하는 방법

② **고랑관수** : 시설 내 고랑에 물을 대주어 뿌리에 수분을 공급하는 방법

③ **분수관수** : 일정 간격으로 구멍이 나 있는 플라스틱 파이프나 유공튜브에 압력이 가해진 물을 분출시켜 수분을 공급하는 방법

④ **살수관수** : 수송관 끝에 각종 노즐을 부착하고 일정 수압의 물을 보내 수분을 공급하는 방법

⑤ 점적관수 : 마이크로 플라스틱 튜브 끝에서 물이 조금씩 공급되도록 하여 원하는 곳에 소량의 물을 지속적으로 공급하는 방법

⑥ 저면관수 : 저면에 있는 배수공을 통해 물이 스며 올라가도록 하는 방법

(4) 자재

1) 배관자재

- 주관망 : 스테인리스 강관, 염화비닐관, 주철관 사용
- 지선 : 염화비닐관 사용

① 주철관 : 주철로 만들어진 내식성이 있는 관

② 스테인리스 강관 : 고온도의 배관에 적합한 내열, 내식성의 스테인리스 강제 강관

③ **아연 도금 강관** : 강관에 아연 도금을 한 것으로 백관이라고 함

④ **염화비닐관** : 상수도의 급수관에 주로 사용되며 내식성, 경량, 저가의 장점이 있으나, 충격과 열에 약함

(5) 제어장치

① **수동조절밸브/게이트밸브** : 밸브 몸체가 문짝처럼 위아래로 움직여 유체가 흐르는 통로를 개폐하는 구조를 가진 것

② **원격조절밸브** : 중앙조절지점에서 물을 개폐시킬 수 있는 것

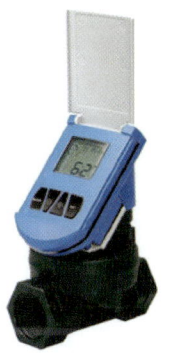

③ **공기밸브** : 자동제어를 위해 공기압에 의해 작동하도록 한 밸브

④ **배수밸브** : 왕복 펌프의 내뿜는 쪽에 설치되는 밸브

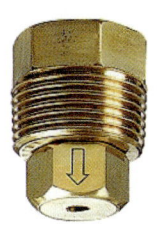

⑤ 여과기 : 이물질에 의해 펌프가 손상 되는 것을 방지하기 위한 기기

⑥ 압력계 : 기체나 액체의 압력을 측정 하는 기기

⑦ 유량계량기 : 기체나 액체의 유량을 측정하는 기기

⑧ 자동조절기 : 원격조절밸브를 자동 으로 개폐하기 위한 기기

(6) 관수기

1) 스프링클러 헤드

① 분무식
- 고정식 헤드, 입상식 헤드로 구분
- 1~2.1kg/cm^{2}의 저압상태에서 작동
- 25~50mm/hr 수준의 물 공급
- 직경 3~6m 범위를 커버하므로, 좁은 면적에 적합

② 분사식
- 고정식 헤드, Q.C 밸브를 이용한 헤드, 입상형 전동식 헤드로 구분
- 2.1~6kg/cm^{2}의 고압상태에서 작동
- 5~13mm/hr 수준의 물 공급
- 직경 12~30m 범위를 커버하므로, 넓은 면적 에 적합

2) 스프링클러 헤드 선택 시 주의사항
- 동일 관로 내에서는 동일한 스프링클러 헤드를 사용해야 한다.
- 단일 관로상에는 각 헤드당 커버율이 동일한 것을 사용해야 한다.
- 관로는 첫 번째 헤드와 마지막 헤드에서의 수압이 규정범위 이내이어야 한다.
- 스프링클러 압력 변동률이 20% 이상을 초과하지 않도록 유지해야 한다.
- 헤드 선택 시 지역 규모와 형태, 장애물, 물의 양과 압력, 토양, 식물을 고려해야 한다.

3) 스프링클러 압력
- 각 제품의 지침에 따른 압력 유지

4) 스프링클러 헤드 배치간격

[정방형 설치]
지름의 50% 간격으로 설치

[삼각형 설치]
지름의 55% 간격으로 설치

03 | 배수

(1) 배수방법
1) **표면배수** : 비나 눈에 의해 발생한 물을 지표면을 따라 처리하는 방법
   - **명거배수** : 중력식 배수로서 지표면에 배수로를 조성하여 처리하는 방법
   - **관거배수** : 지표면에 발생하는 표면수 및 생활하수 등의 오수를 처리하기 위하여 밀폐된 도관을 매설하여 배수하는 방법

2) **지하배수(심토층 배수)** : 자반 내의 배수를 목적으로 하며, 지하수위를 저하시키기 위해 지하에 고인 물 또는 지하로 침투하는 물을(침수해오는 물을 차단하는 것도 포함) 배수하는 방법

(2) 배수시설

1) 표면배수시설
    ① 측구 : 도로상의 물이나 인접 부지 주변의 우수에 의한 물을 다른 배수처리 지점으로 이동시키는 배수도랑
        • 재료별 분류 : 토사측구(도랑), 잔디 및 돌·임측구, 돌 및 블록쌓기측구, 콘크리트측구
        • 형태별 분류 : L형, U형, V형, 반원형, 사다리꼴형 등
    ② 집수구 : 배수되는 물을 한곳에 모아서 다시 배수계통으로 보내는 배수시설
    ③ 배수구 : 표면수를 배수하기 위한 도랑
    ④ 맨홀 : 지하배수 관거를 점검하거나 청소를 하기 위해 사람이 출입할 수 있는 시설

[측구]　　　　　　　　[집수구]

[배수구]　　　　　　　　[맨홀]

2) 지하배수시설

① 표면배수시설에 의해 이동된 물은 집수시설에 의해 모아져 다시 지하배수시설에 의해 이동된다(지하배수시설은 암거라 하여 지표배수관의 명거와 구분).

② 암거배수시설
- 배수관거에 의해 지표수를 지하로 처리하는 시설
- 심토층에서 용출되는 물이나 지표수가 지하로 침투한 물을 차단하여 배수처리하는 유공관 배수시설
- 자갈, 모래층의 맹암거 배수시설

③ 맹암거 간선과 맹암거 지선
- 맹암거 간선 단면도

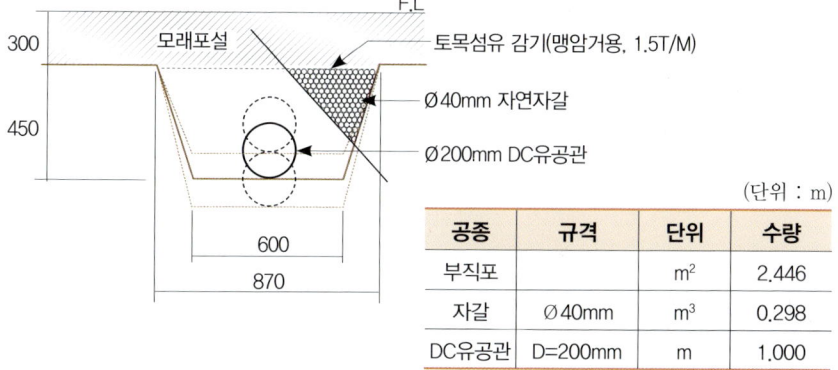

(단위 : m)

공종	규격	단위	수량
부직포		m²	2.446
자갈	Ø40mm	m³	0.298
DC유공관	D=200mm	m	1.000

- 맹암거 지선 단면도

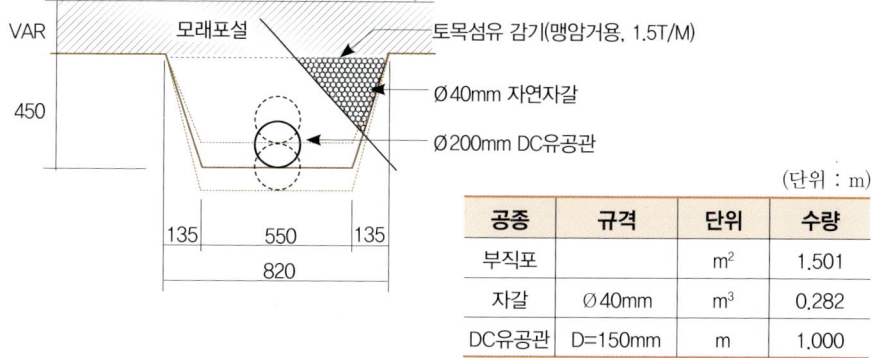

(단위 : m)

공종	규격	단위	수량
부직포		m²	1.501
자갈	Ø40mm	m³	0.282
DC유공관	D=150mm	m	1.000

(3) 배수시설 점검
- 배수시설의 상태를 정기적으로 점검
- 파손 및 결함이 있는 곳은 원인을 발견하고 적절한 조치를 취함
- 강우가 내리는 중 또는 직후에 배수상황을 살피는 것이 결함을 발견하는 데 도움이 됨

1) 점검사항
- 배수시설의 배수상황 점검
- 측구, 집수구, 맨홀 등의 토사 퇴적상태 점검
- 배수시설 내부 및 유수구의 토사, 먼지, 잡석, 쓰레기, 낙엽 등의 퇴적상태 점검
- 배수시설의 파손 및 결함 점검

(4) 배수시설 관리
1) 표면배수시설
① 측구, 배수구
- 정기적 점검과 청소 실시
- 낙엽, 토사, 먼지, 쓰레기에 의해 막혀서 배수에 지장을 주므로 주의
- 파손된 부분은 즉시 보수 또는 교체함

② 집수구, 맨홀
- 지하배수시설을 유지 관리하는 데 중요한 시설
- 장마, 태풍철, 해빙기 전에는 반드시 청소 실시
- 파손된 부분은 즉시 보수 또는 교체함

③ 배수관 및 구거
- 먼지나 오물 등으로 통수단면이 좁아지지 않았는지 점검
- 누수나 체수가 발견되면 즉시 보수
- 관거, 구거의 유출구에 토사가 쌓여 있을 때는 구멍이나 균열이 발생한 것으로 정밀 점검하여 보수

(5) 지하배수시설

- 설치년월, 배치위치, 구조 등을 명시한 도면 작성
- 지하배수시설은 유출구 이외에는 직접 확인하기가 어려우므로 점검에 유의
- 장마나 비 온 뒤 배수기능을 확인하여 조사
- 배수기능이 현저히 떨어지면 재설치 필요

정원관리매뉴얼

Plants Management

제6장
월동관리

01 | 개요

- 우리나라 중북부 지방의 겨울은 기온이 낮아 수목이 동해를 입는 경우가 많다.
- 특히 그 수목이 가지고 있는 생육한계온도보다 더 낮은 지역에 식재된 수목은 월동작업이 필요하다.

02 | 월동작업 시기

- 월동시기 : 11월 초순~12월 초순
- 기후를 감안하여 시행하되 초기 동해를 받지 않도록 한다.

03 | 월동방법

(1) 짚싸기

- 대상 : 배롱나무, 모과나무, 장미, 감나무 등 내한성이 약한 낙엽화목류
- 방법 : 수목의 줄기를 짚으로 싸준다.

[배롱나무 짚싸기]

[장미 짚싸기]

(2) 방풍막 설치

- 대상 : 동백, 히말라야시다와 같이 내한성이 약한 상록수목, 가을에 식재한 관목
- 방법 : 수목 주위에 말뚝을 박고 부직포, 짚, 비닐 등으로 지지대의 바깥쪽으로 방풍막을 두른다.

[철쭉 방풍막]　　　　　　　　[회양목 방풍막]

(3) 피복법

- 대상 : 가을에 식재한 관목 등
- 방법 : 지표를 20~30cm 두께로 낙엽이나, 왕겨, 짚 등으로 덮어 뿌리부분을 보온한다.

[무궁화 짚싸기 및 솔잎피복]

(4) 겨울철 관수

- 방법 : 강수량이 적고 눈이 오지 않을 경우, 수목에 수분이 공급되지 않아 고사 위험이 높아지므로 관수를 실시하여 건조 피해를 방지한다.

(5) 증산억제제 살포

- 방법 : 겨울철 증산을 억제시켜 건조에 의한 피해를 방지한다.
- 제품 : Cloud Cover, Wilt Pruf
- 용량 : 1500mL
- 사용방법 : 20배 희석하여 식물에 피막이 생기도록 살포한다.

[증산억제제]

Plants Management

제7장
병충해 관리

01 | 개요

- 수목의 병이란 세균, 곰팡이, 바이러스, 마이코플라즈마, 선충과 같은 병원체에 의해 수목이 비정상적으로 반응하는 것을 말한다.
- 병원체에 의한 피해일 경우 잎, 가지, 줄기, 뿌리에 병징과 표징이 나타나며, 이를 통해 병명을 진단할 수 있다.
- 해충은 수목의 잎을 갉아먹거나, 가지나 줄기의 수액을 흡즙하거나, 구멍을 뚫어 수목을 가해함으로써 수목을 쇠약하게 하고, 고사시킨다.
- 효과적인 병충해 방제를 위해서 발생 병충해의 이름과 생활사, 가해부위, 가해습성을 먼저 파악한 후 약제 처리 시기 및 방법, 횟수, 약제 종류 및 양을 결정한다.

> - 병징 : 병원체에 의하여 수목에 피해가 나타나 육안으로 판별할 수 있는 피해 모양
> - 표징 : 병징에 병을 일으키는 병원체가 나타나 눈으로 구별할 수 있는 것

02 | 해충

(1) 해충방제 방법

해충은 인간의 입장에서 보면 해로운 존재이지만 자연에서는 귀중한 생물이므로 단순히 해충이 존재한다고 해서 완전히 박멸하기보다는 해충의 밀도가 높아져 피해가 커질 가능성이 있을 경우에만 활동을 억제하는 수준으로 방제하여야 한다.

1) 화학적 방제
- 화학적 약품인 살충제를 사용하여 해충을 방제하는 방법
- 장점 : 효과가 빠름, 쉽게 구할 수 있음, 저장이 가능
- 단점 : 저항성 해충 출현, 천적 및 유용동물에의 악영향, 생물농축현상 초래, 해충 밀도의 급속한 회복, 잔류물에 의한 환경오염

> **살충제의 종류**
> - 소화중독제 : 해충의 입을 통해 그 체내로 들어가 소화기관으로 흡수되어 중독을 일으킴
> - 접촉제 : 해충의 몸에 약제가 닿아 숨구멍을 막거나 몸속으로 들어가 신경계통이나 조직세포에 독 작용을 일으킴
> - 침투성 살충제 : 약재가 식물체 내에 들어가 흡즙성 해충이 수액을 빨아 먹어 체내에 흡수되고 독 작용을 일으킴
> - 훈증제 : 휘발성 약제로서 가스 상태로 기화되어 해충의 호흡기를 통해 흡수되어 효과를 나타냄

2) 생물적 방제
- 다른 생물을 이용하여 해충군의 밀도를 억제하는 방법
- 장점 : 영구적 효과, 해충의 밀도가 낮아도 효과를 얻을 수 있는 환경저항성의 증대

3) 내충성 이용 방제
- 해충에 대한 저항성이 강한 내충성 품종 이용
- 장점 : 다른 생물에 악영향을 끼치지 않음

4) 생태적 방제
- 환경조건을 개선함으로써 해충의 발생과 피해를 줄이는 방법

5) 불임법 및 유전학적 이용 방제
- 불임법은 방사선을 이용하여 불임화시킨 해충을 방사하여 건전한 해충과의 교미를 통한 생식력 무력화 방법
- 유전학적 이용 방제는 생식에 불리한 유전인자를 가진 개체를 해충집단에 넣어, 교잡하도록 하여 다음 세대에 불임을 유발시켜 해충의 밀도를 낮추는 방법

6) 성페로몬 이용 방제
- 성 페로몬을 이용하여 유인된 해충을 구제하는 방법

7) 기계적 방제
- 기계, 기구류를 이용하여 방제하는 방법

8) 법적 방제
- 국제 검역과 국내 검역법을 제정하고 수출입 시 검사, 처리함으로써 국제 간의 전염을 예방

(2) 해충의 가해특성

1) 식엽 해충
- 식물의 잎을 가해하는 해충
- 딱정벌레목, 나비목, 벌목, 메뚜기목, 대벌레목, 파리목에 속하는 종

2) 흡즙 해충
- 잎이나 가지 및 줄기에서 수액을 빨아 먹는 해충
- 매미목, 노린재목, 응애류

3) 천공 해충
- 줄기와 가지에 구멍을 뚫고 가해하는 해충
- 향나무하늘소, 소나무좀, 알락하늘소 등

(3) 해충의 종류

1) 소나무

① 솔잎혹파리(*Thecodiplosis japonensis*)

- 피해 : 6~10월. 유충이 솔잎 밑부분에 벌레혹을 만들고 즙액을 빨아 먹음. 성장이 멈추고 변색되며, 낙엽. 피해가 지속되면 수세가 약해지고 고사함. 2차성 해충의 공격을 받게 됨
- 형태 : 성충은 2~2.5mm 정도로 밝은 황색. 더듬이는 수컷이 26마디, 암컷 14마디. 유충은 1.7~2.8mm 정도로 황색
- 생태 : 1년 1회 발생. 토양 속에서 유충으로 월동

- 방제 : 피해목 벌채. 페니트로티온(메프치온, 스미치온) 등을 6월 초 수관살포함. 아세타미프리드(마스크린), 아세페이트(아스캡), 포스파미돈(포스팜, 다무르) 등을 5월 하순~6월에 수간주입함
- 수종 : 소나무, 곰솔

② 솔껍질깍지벌레(*Matsucoccus thunbergianae*)

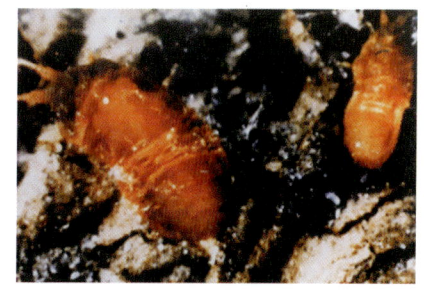

- 피해 : 3~5월. 해송의 주요 해충. 약충이 수액을 빨아 먹음. 피해목은 아랫 가지부터 고사하여 상층부로 피해가 확산됨
- 형태 : 수컷은 1.5~2.0mm로 날개 있음. 암컷은 2~5mm로 날개 없음. 황갈색
- 생태 : 1년 1회 발생. 4~5월 산란. 5~6월 부화. 11월에 이동
- 방제 : 피해목 벌채. 뷰프로페진(노고단), 메티다티온(수프라사이드), 페니트로티온(스미치온) 등을 4~5월에 수관살포. 포스파미돈(포스팜), 이미다클로프리드(어드마이어) 등을 12월에 수간주입
- 수종 : 소나무, 곰솔

③ 소나무가루깍지벌레(*Crisicoccus pini*)

- 피해 : 흡수성 해충. 신초와 침엽 사이에서 수액을 빨아 먹음. 전파 속도 느림. 수세가 약해지고 그을음병을 유발함
- 형태 : 성충은 3~4mm로 적갈색의 타원형. 백색 가루를 덮고 있음. 피해부위에 0.2~0.3mm의 유백색 타원형 알 산란
- 생태 : 1년 2회 발생. 약충으로 월동. 5~9월에 성충 발생
- 방제 : 뷰프로페진(노고단), 메티다티온(수프라사이드), 페니트로티온(스미치온) 등을 5~9월에 10일 간격으로 충분히 살포
- 수종 : 소나무, 곰솔, 잣나무 등

④ 소나무굴깍지벌레(*Lepidosaphes pini*)

- 피해 : 잎에 발생하여 수액을 빨아 먹음. 피해엽은 황화현상 나타남. 수세가 약해짐. 그을음 발생
- 형태 : 암컷 성충은 2~4mm로 짙은 갈색. 수컷은 1mm 내외. 깍지를 쓰고 있으며 긴 삼각형 형태임
- 생태 : 1년 2회 발생. 성충으로 월동. 4월 산란. 7월 성충 발생
- 방제 : 뷰프로페진(노고단), 메티다티온(수프라사이드), 페니트로티온(스미치온) 등을 5~9월에 10일 간격으로 충분히 살포
- 수종 : 소나무, 곰솔, 스트로브잣나무, 리기다소나무 등

⑤ 전나무잎응애(*Oligonychus ununguis*)

- 피해 : 잎에 거미줄로 집을 짓고 무리 지어 생활. 잎을 흡즙. 피해목은 갈변하고 수세 약해짐
- 형태 : 성충은 0.2~0.5mm의 주황색 난형. 다리 8개로 거미류에 속함
- 생태 : 1년 5~6회 발생. 알로 월동. 4월 부화
- 방제 : 아미트라즈(마이캇트), 페나자퀸(보라매, 응애단), 테부펜피라드(피라니카) 등을 피해 발생 시 10일 간격으로 2~3회 살포. 거미줄 안쪽에 약액이 닿도록 살포. 내성이 강하므로 계통이 다른 약을 수시로 바꾸어 사용
- 수종 : 전나무, 소나무, 곰솔, 잣나무, 섬잣나무, 삼나무, 편백 등

⑥ 노랑무늬솔바구미(*Pissodes nitidus*)

- 피해 : 유충은 인피부를 가해. 성충은 잎의 수액을 흡즙. 잎은 황변하고 수세가 약해짐
- 형태 : 성충은 5~7mm 내외로 적갈색. 날개에 작은 백색 반점 있음

- 생태 : 1년에 1회 발생. 성충으로 월동
- 방제 : 수세 회복이 어려운 나무는 벌채. 페니트로티온(메프치온, 스미치온) 등을 4월, 6~10월에 7~10일 간격으로 2~3회 살포
- 수종 : 소나무, 곰솔, 잣나무, 스트로브잣나무, 리기다소나무, 가문비나무 등

⑦ **소나무순나방**(*Rhyacionia duplana*)

- 피해 : 유충이 신초를 가해. 피해엽은 갈변하고 고사함
- 형태 : 유충은 10mm 내외로 오렌지색. 성충은 흑갈색
- 생태 : 1년에 1회 발생. 번데기로 월동. 3~4월 우화 후 동아에 산란. 알은 20일 후 부화. 6월경 노숙유충이 됨

- 방제 : 피해목은 채취하여 소각. 페니트로티온(메프치온) 등을 3~4월에 수관살포
- 수종 : 소나무, 곰솔

⑧ **솔나방**(*Dendrolimus spectabilis*)

- 피해 : 유충이 솔잎을 식해. 가지만 남게 됨. 수세가 약해지고 피해가 지속되면 고사함
- 형태 : 성충은 3~4mm 정도의 회색 또는 흑갈색. 체색 변이가 많음. 어린 유충은 회황색에 불규칙한 무늬가 있음

- 생태 : 1년에 1회 발생. 유충으로 월동. 7~8월 우화. 수명은 9일 정도. 솔잎에 산란
- 방제 : 페니트로티온(스미치온), 트리므론, 펜토에이트(파프, 엘산), 디플루벤주론(디말린) 등을 4~6월에 살포. 10월경 잠복소 설치 후 이른 봄에 제거하여 소각
- 수종 : 소나무, 곰솔, 잣나무, 낙엽송, 개잎갈나무, 전나무, 가문비나무 등

⑨ 애기솔알락명나방(*Dioryctria pryeri*)
- 피해 : 유충이 신초 및 구과의 내부를 가해. 잣나무에 피해 큼
- 형태 : 유충은 17mm 정도의 흑색. 성충은 갈색
- 생태 : 1년에 1회 발생
- 방제 : 피해목은 채취 후 소각. 페니트로티온(스미치온, 메프치온), 펜티온(리바이짓드) 등을 6~7월에 살포
- 수종 : 소나무, 곰솔, 잣나무, 전나무 등

⑩ 큰솔알락명나방(*Dioryctria sylvestrella*)
- 피해 : 유충이 신초 및 구과의 내부를 가해. 잣나무에 피해 큼
- 형태 : 유충은 25mm 정도의 회갈색에 갈색 반점 분포. 체색 변이 있음
- 생태 : 1년에 1회 발생. 유충으로 월동. 5~6월 번데기. 7~8월 우화
- 방제 : 피해목은 채취 후 소각. 페니트로티온(스미치온, 메프치온), 펜티온(리바이짓드) 등을 6~7월에 살포
- 수종 : 소나무, 곰솔, 잣나무, 전나무 등

⑪ 솔알락명나방(*Dioryctria abietella*)
- 피해 : 유충이 신초 및 구과의 내부를 가해. 잣송이를 가해한 후 똥을 배출. 잣 수확 감소
- 형태 : 유충은 25mm 정도의 회갈색에 갈색 반점 분포. 체색 변이 있음
- 생태 : 1년에 1회 발생. 유충으로 월동. 5~6월 번데기. 7~8월 우화
- 방제 : 피해목은 채취 후 소각. 페니트로티온(스미치온, 메프치온), 펜티온(리바이짓드) 등을 6~7월에 살포
- 수종 : 소나무, 곰솔, 잣나무, 전나무 등

⑫ 솔수염하늘소(*Monochamus alternatus*)
- 피해 : 성충은 재선충의 매개충으로 소나무를 감염시켜 고사시킴. 수피와 인피부를 식해

- 형태 : 성충은 20~30mm 정도의 황갈색에 얼룩무늬 있음
- 생태 : 1년에 1회 발생. 유충으로 월동. 5~7월 우화
- 방제 : 피해목은 벌채 후 소각. 티아클로프리드(칼립소), 클로티아니딘(볼케이노, 빅카드), 아세타미프리드(마스그린) 등을 5~7월에 수관살포. 그린가드, 아바멕틴 등을 11~3월에 수간주입
- 수종 : 소나무, 곰솔, 잣나무, 전나무, 삼나무, 낙엽송 등

⑬ **솔거품벌레**(*Aphrophora flavipes*)

- 피해 : 5~6월 약충이 신초에 기생하며 잎을 흡즙하고 거품물질 분비. 잎은 갈변하고 고사. 수세 약해짐
- 형태 : 노숙약충은 4~5mm 내외의 갈색. 성충은 10mm 내외로 갈색
- 생태 : 1년에 1회 발생. 알로 월동. 5~7월에 약충 활동
- 방제 : 페니트로티온(스미치온), 펜토에이트(파프) 등을 5~8월에 수관살포
- 수종 : 소나무, 곰솔, 잣나무 등

⑭ **삼나무독나방**(*Calliteara argentata*)

- 피해 : 유충이 잎을 식해
- 형태 : 노숙유충은 40mm 정도의 황록색에 옆에 흰색 선이 있음. 성충은 25mm 내외로 회색
- 생태 : 1년에 2회 발생. 유충으로 월동. 4~5월 활동 시작. 5~9월 우화
- 방제 : 페니트로티온(스미치온), 트리클로르폰(디프) 등을 유충 발생 시 수관살포
- 수종 : 삼나무, 소나무, 리기다소나무, 히말라야시다 등

⑮ 솔잎벌(*Nesodiprion japonicus*)

- 피해 : 잎을 식해하며 진전되면 고사함
- 형태 : 성충은 7mm 내외로 흑색. 유충은 광택이 있는 녹색. 노숙유충의 머리는 황갈색이며 검은색 반점 있음
- 생태 : 1년에 2~3회 발생. 성충은 4~5월, 9~10월 출현. 유충은 5~8월, 9~11월 출현
- 방제 : 트리클로르폰(디프), 페니트로티온(스미치온) 등을 5월에 수관살포
- 수종 : 소나무, 잣나무, 스트로브잣나무, 일본잎갈나무 등

⑯ 누런솔잎벌(*Neodiprion sertifer*)

- 피해 : 유충이 묵은 잎을 식해. 피해가 지속되면 수세가 약해지고 고사함
- 형태 : 어린 유충은 황록색. 노숙유충은 20mm 내외로 회자색. 성충은 흑색
- 생태 : 1년에 1회 발생. 알로 월동. 4~5월에 부화. 수컷은 4회, 암컷은 5회 탈피. 노숙유충은 5월에 흙 속에 고치를 짓고 그 속에서 유충으로 지냄. 10~11월에 성충 출현. 성충 수명은 4~5일
- 방제 : 페니트로티온(스미치온), 트리클로르폰(디프) 등을 10월에 수관살포. 클로르푸푸아주론을 4월 하순에 수관살포
- 수종 : 소나무, 잣나무 등

⑰ 소나무솜벌레(*Pineus orientalis*)

- 피해 : 약충이 수피 틈에서 수액을 흡즙. 솜 같은 백색 밀랍을 분비하여 미관 저해. 수세가 약해지고 고사함
- 형태 : 성충은 1.3mm 내외로 흑갈색에 백색 가루가 덮여 있음. 겹눈은 3개. 더듬이는 퇴화
- 생태 : 1년에 수회 발생. 약충으로

월동. 5월부터 성충 출현
- 방제 : 메티다티온(수프라사이드), 디메토에이트(로고, 록손) 등을 10일 간격으로 수관살포
- 수종 : 소나무, 곰솔, 반송, 스트로브잣나무, 섬잣나무, 가문비나무 등

2) 주목

① 식나무깍지벌레(*Pseudaulacaspis cockerelli*)

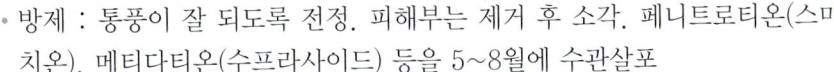

- 피해 : 줄기, 가지, 잎 뒷면에 기생하며 수액을 흡즙. 피해부는 황변하고 수세가 약해짐
- 형태 : 성충은 2~3mm 내외의 흰색 부채꼴 모양. 머리 부분에 갈색 점 있음
- 생태 : 1년에 2회 발생. 성충으로 월동. 4월 산란. 5~8월에 약충 발생
- 방제 : 통풍이 잘 되도록 전정. 피해부는 제거 후 소각. 페니트로티온(스미치온), 메티다티온(수프라사이드) 등을 5~8월에 수관살포
- 수종 : 주목, 식나무, 목련, 층층나무, 사철나무, 개나리, 계수나무, 철쭉류 등

3) 잣나무

① 잣나무넓적잎벌(*Acantholyda posticalis*)

- 피해 : 유충이 7~8월에 실을 토해 잎에 집을 만들고 그 속에서 잎을 식해. 피해가 지속되면 고사함
- 형태 : 유충은 25mm 내외의 담황색. 성충은 15mm 내외로 흑색이며 황색 무늬가 있음
- 생태 : 1년에 1회 발생. 땅속에 집을 짓고 유충으로 월동. 6~7월 우화
- 방제 : 트리클로르폰(디프), 카바릴(세빈, 나크) 등을 7월경 수관살포
- 수종 : 잣나무

4) 향나무

① 향나무하늘소(*Semanotus bifasciatus*)

- 피해 : 유충이 수피에 구멍을 뚫고 인피부와 목질부를 식해함. 가해한 배설물은 갱도에 쌓아놓아 수분 및 양분의 이동이 차단되어 위쪽 줄기가 고사함
- 형태 : 유충은 45mm 내외로 유백색. 성충은 15mm 내외로 흑색이고 2줄의 백색 띠가 있음
- 생태 : 1년에 1회 발생. 성충으로 월동
- 방제 : 피해목은 제거 후 소각. 페니트로티온(메프치온, 스미치온), 다이아지논(다이아톤) 등을 3~4월에 7일 간격으로 수관살포
- 수종 : 향나무류, 측백, 편백, 화백, 삼나무 등

5) 은행나무

① 차주머니나방(*Eumeta minuscula*)

- 피해 : 활엽수와 침엽수의 잎을 식해. 유충주머니가 가지에 달려 미관 저해
- 형태 : 노숙유충은 20~30mm 정도의 황갈색. 성충은 35mm 내외의 원통형 적갈색. 유충주머니는 35~50mm
- 생태 : 1년에 1회 발생. 유충으로 월동. 3~6월 잎을 식해. 5~8월 우화
- 방제 : 페니트로티온(메프치온, 스미치온), 피레스, 칼탑 등을 4~6월 수관살포
- 수종 : 차나무, 은행나무, 벚나무류, 참나무류, 느릅나무류, 은행나무 등

② 검정주머니나방(*Mahasena aurea*)

- 피해 : 유충은 잡식성으로 잎과 수피에 유충주머니를 만들고 생활하며 식해
- 형태 : 유충은 40mm 내외로 흑갈색. 유충주머니는 30~40mm. 수컷 성충은 10mm 내외. 암컷 성충은 20mm 내외
- 생태 : 1년에 1회 발생. 유충으로 월동. 4~5월 가지로 이동
- 방제 : 유충주머니 채취 소각. 페니트로티온(메프치온, 스미치온) 등을 7~9월 수관살포
- 수종 : 은행나무, 벚나무, 느티나무, 버드나무, 밤나무 등

6) 벚나무

① 공깍지벌레(*Lecanium kunoensis*)

- 피해 : 가지·줄기에 기생하며 흡즙. 집단 발생 시 수세 약해짐
- 형태 : 암컷 성충은 4~5mm의 갈색 구형. 수컷 성충은 1.5mm 내외로 길고 투명한 날개 있음
- 생태 : 1년에 1회 발생. 약충으로 월동. 5월경 성충이 되어 둥근 깍지를 만듦
- 방제 : 디메토에이트(로고), 메티다티온(수프라사이드) 등을 5~6월 수관살포
- 수종 : 벚나무, 살구나무, 매실나무, 사과나무, 사철나무, 명자나무 등

② 벚나무깍지벌레(*Pseudaulacaspis prunicola*)

- 피해 : 줄기나 가지에 기생하며, 깍지 속의 약충이 수액 흡즙. 수세가 약해지고 고사함
- 형태 : 암컷 성충은 2~2.5mm의 흰색 원형. 수컷 성충은 1mm 내외
- 생태 : 1년에 3회 발생. 성충으로 월동. 4월부터 산란. 5월 중순부터 출현
- 방제 : 피해목 제거 소각. 페니트로티온(스미치온), 메티다티온(수프라사이드) 등을 5~6월에 수관살포
- 수종 : 벚나무, 매실나무, 살구나무, 복숭아나무, 버드나무 등

③ 복숭아유리나방(*Synanthedon hector*)

- 피해 : 줄기나 가지의 수피 밑부분을 유충이 가해. 수지 및 톱밥이 수피에 부착되어 미관 저해. 수세가 약해지고 심하면 고사함
- 형태 : 유충은 23mm 내외의 연한 갈색. 성충은 15mm 정도로 벌처럼 생겼음
- 생태 : 1년에 1회 발생. 유충으로 월동. 4~7월 유충 활동
- 방제 : 피니트로티온(스미치온, 메프치온) 등을 8월 수관살포
- 수종 : 벚나무, 복숭아나무, 자두나무, 사과나무, 매실나무, 배나무 등

④ 벚나무응애(*Tetranychus viennensis*)

- 피해 : 잎에서 즙액을 흡즙. 조기낙엽 및 수세 약화. 피해가 계속되면 고사함
- 형태 : 거미류의 일종으로 붉은색이며 다리는 흰색. 크기는 0.3~0.7mm 정도로 매우 작음

- 생태 : 1년에 6회 발생. 성충으로 월동. 4~5월 산란
- 방제 : 페나자퀸(보라메, 응애단), 테부펜피라드(피라니카), 피리다벤(산마루) 등을 5~10월 수관살포
- 수종 : 벚나무, 복숭아나무, 매실나무, 사과나무, 살구나무, 자두나무 등

⑤ **벚잎혹진딧물**(*Tuberocephalus sakurae*)

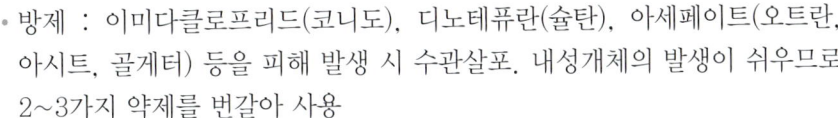

- 피해 : 벚나무 신초 뒷면에 기생하며 수액 흡즙. 잎이 오그라들고 말리며 변색됨. 성장 억제 및 수세 약화
- 형태 : 녹색의 타원형. 무시충 암컷은 1.7mm 내외. 유시충 암컷은 2mm 내외
- 생태 : 알로 월동. 4월 부화. 5월부터 피해 발생. 7~8월이 최대 발생기임
- 방제 : 이미다클로프리드(코니도), 디노테퓨란(슈탄), 아세페이트(오트란, 아시트, 골게터) 등을 피해 발생 시 수관살포. 내성개체의 발생이 쉬우므로 2~3가지 약제를 번갈아 사용
- 수종 : 벚나무, 쑥(중간기주)

⑥ **복숭아혹진딧물**(*Myzus persicae*)

- 피해 : 어린 약충이 잎 뒷면에 무리지어 살며 수액 흡즙. 피해엽은 갈변. 조기낙엽. 성장 억제 및 수세 약화
- 형태 : 무시태생 암컷 성충은 황록색에 1.5~2.5mm 내외. 유시태생 성충은 2~2.5mm 내외
- 생태 : 1년에 9~20회 이상 발생
- 방제 : 이미다클로프리드(코니도), 디노테퓨란(슈탄), 아세페이트(오트란, 아시트, 골게터) 등을 피해 발생 시 수관살포. 내성개체의 발생이 쉬우므로 2~3가지 약제를 번갈아 사용
- 수종 : 벚나무, 장미, 사과나무, 복숭아나무, 자두나무, 매실나무 등

⑦ 사사키잎혹진딧물(*Tuberocephalus sasakii*)

- 피해 : 벚나무 종에 따라 피해 정도가 다름. 신초 뒷면에 벌레혹 만듦. 수액 흡즙에 의해 주머니 모양 혹 발생
- 형태 : 무시태생 암컷 성충은 1.6mm 내외로 황색
- 생태 : 알로 월동. 4월 중순 부화 후 신엽으로 이동
- 방제 : 이미다클로프리드(코니도), 디노테퓨란(슐탄), 아세페이트(오트란, 아시트, 골게터) 등을 피해 발생 시 수관살포. 내성개체의 발생이 쉬우므로 2~3가지 약제를 번갈아 사용
- 수종 : 벚나무, 쑥(중간기주)

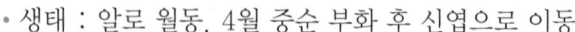

⑧ 벚나무모시나방(*Elcysma westwoodi*)

- 피해 : 유충이 잎 뒷면에 서식하며 식해
- 형태 : 유충은 30mm 내외의 녹황색이며 검은색의 긴 털이 있음. 몸에 검은색 세로줄이 있음
- 생태 : 1년에 1회 발생. 유충으로 월동. 4~6월 가해함. 8~9월 우화
- 방제 : 에스펜발러레이트(적시타), 클로르피리포스(더스반), 아세페이트(오트란) 등을 4~5월 수관살포
- 수종 : 벚나무, 매실나무, 살구나무, 사과나무, 복숭아나무, 자두나무 등

⑨ 먹무늬재주나방(*Phalera flavescens*)

- 피해 : 식엽성 해충으로 잎을 식해. 유충 시기에 군서. 성숙 후 분산
- 형태 : 유충은 50mm 내외의 적갈색에 털이 많음

- 생태 : 1년에 1회 발생. 땅속에서 번데기로 월동. 7~8월 우화
- 방제 : 아세페이트(오트란, 아시트, 골게터), 클로르피리포스(더스반) 등을 7~8월에 수관살포
- 수종 : 벚나무, 고로쇠나무, 상수리나무, 버드나무, 느릅나무, 단풍나무, 사과나무, 매실나무, 팥배나무 등

⑩ **노랑쐐기나방**(*Monema flavescens*)

- 피해 : 식엽성 해충으로 잎을 식해. 유충 시기에 군서하며 성숙 후 분산
- 형태 : 유충은 25mm 내외의 황록색. 등에 담갈색의 넓은 무늬 있음
- 생태 : 1년에 2회 발생. 유충으로 월동. 6월 우화
- 방제 : 클로르피리포스(더스반) 등을 피해 발생 시 수관살포
- 수종 : 벚나무, 사과나무, 매실나무, 감나무, 참나무류, 단풍나무, 대추나무 등

⑪ **참나무겨울가지나방**(*Erannis golda*)

- 피해 : 피해가 심각하지는 않음
- 형태 : 유충은 30~40mm 내외의 연한 갈색
- 생태 : 1년에 1회 발생. 11~12월 우화
- 방제 : 4~5월 살충제 수관살포
- 수종 : 벚나무, 장미, 느릅나무, 상수리나무, 버드나무, 철쭉류 등

⑫ **꼬마쐐기나방**(*Microleon longipalpis*)

- 피해 : 유충은 잡식성으로 잎을 식해. 대발생하는 경우는 없음
- 형태 : 노숙유충은 10mm 내외로 황록색. 등판은 튀어나와 있고 표면에 자모가 있음

- 생태 : 1년에 2회 발생. 잎 사이 고치 속에서 유충으로 월동. 5월 번데기
- 방제 : 약제에 약한 해충임. 클로르피리포스(더스반) 등을 유충 발생 시에 수관살포
- 수종 : 벚나무, 감나무, 매실나무, 단풍나무, 장미 등

7) 철쭉

① 진달래방패벌레 (*Stephanitis pyrioides*)

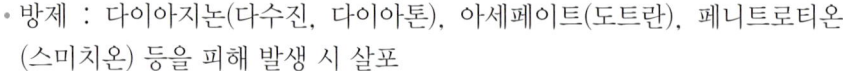

- 피해 : 흡수성 해충으로 잎 뒷면에서 수액을 흡즙. 피해엽은 황백색 반점 발생. 잎 뒷면에는 검은색 분비물이 산재. 7~8월 발생 심각
- 형태 : 성충은 4mm 내외. 몸은 흑갈색, 등은 회백색. 날개는 투명하며 X자 갈색 반문 있음
- 생태 : 1년에 4~5회 발생. 성충으로 월동. 4월 산란. 5월 약충 출현
- 방제 : 다이아지논(다수진, 다이아톤), 아세페이트(도트란), 페니트로티온(스미치온) 등을 피해 발생 시 살포
- 수종 : 진달래, 산철쭉, 영산홍, 사과나무 등

② 극동등에잎벌 (*Arge similis*)

- 피해 : 5~9월 유충이 10여 마리씩 군서하며 잎을 식해. 개화 불량
- 형태 : 유충은 25mm 내외. 황록색으로 몸 전체에 검은 반점 있음
- 생태 : 1년에 3~4회 발생. 땅속에서 유충으로 월동. 4월 번데기. 5월 우화
- 방제 : 약제에 약한 해충임. 페니트로티온(스미치온), 아세페이트(오트란, 아시트, 골게터) 등을 6월 상순 살포
- 수종 : 진달래, 산철쭉, 영산홍, 장미 등

8) 느티나무

① 느티나무알락진딧물(*Tinocallis zelkowae*)

- 피해 : 잎 뒷면에 기생하며 수액을 흡즙
- 형태 : 성충은 1.6mm 내외의 황색
- 생태 : 알로 월동. 4월 부화. 5~6월 성충과 약충 동시 발생
- 방제 : 포스파미돈(포스팜), 아세페이트(오트란, 아시트) 등을 4~5월 수관살포
- 수종 : 느티나무, 느릅나무, 오리나무 등

② 느티나무벼룩바구미(*Rhynchaenus sanguinips*)

- 피해 : 성충과 유충이 잎을 식해. 피해엽은 갈변. 경관 가치 저해
- 형태 : 성충은 2~3mm의 적갈색 타원형. 유충은 4~5mm의 갈색에 편평한 원통형
- 생태 : 1년에 1회 발생. 성충으로 월동. 4~5월 성충이 잎을 식해하며 산란. 6~7월 새 성충 발생
- 방제 : 페니트로티온(메프치온, 스미치온), 펜토에이트(파프), 카바릴(세빈, 나크) 등을 5~7월 수관살포. 이미다클로프리드(어드마이어)를 수간주사
- 수종 : 느티나무

③ 외줄진딧물(*Colopha moriokaensis*)

- 피해 : 잎 뒷면에 기생하며, 잎 앞쪽으로 표주박 모양의 벌레혹이 열매같이 생김. 미관 저해
- 형태 : 벌레혹은 녹색으로 크기는 5~10mm. 성충이 탈출하면 갈변.

암컷 성충은 암녹색으로 흰색 솜가루에 덮여 있음
- 생태 : 알 및 성충으로 월동. 4월경 벌레혹 형성
- 방제 : 아세페이트(오트란, 아시트, 골게터), 포스파미돈(포스팜), 메티다티온(수프라사이드) 등을 4월에 수관살포
- 수종 : 느티나무, 느릅나무, 대나무(중간기주)

9) 버즘나무

① 알락하늘소(*Anoplophora malasiaca*)

- 피해 : 유충이 수간 지제부에 1~2cm의 구멍을 뚫음. 수세 약화 및 심하면 고사함
- 형태 : 유충은 45mm 내외의 유백색 원통형. 성충은 25~35mm의 흑색. 몸에 광택 및 10여 개의 흰색 점 있음. 더듬이는 몸길이보다 길며 흰색 부분 있음

- 생태 : 1년에 1회 발생. 6~7월 성충 출현
- 방제 : 펜토에이트(엘산, 씨디알, 파프), 페니트로티온(스미치온), 다이아지논(다이아톤) 등을 6~7월 수관살포
- 수종 : 버즘나무, 단풍나무, 자작나무, 버드나무, 포플러 등

② 버즘나무방패벌레(*Corythucha ciliata*)

- 피해 : 성충과 약충이 잎 뒷면에서 수액 흡즙. 피해엽은 황백색으로 변화
- 형태 : 노숙약충은 3mm 내외의 흑색. 성충은 3mm 내외의 암갈색. 날개는 유백색
- 생태 : 1년에 2회 발생. 성충으로 월동. 5월 산란

- 방제 : 페니트로티온(스미치온), 람다사이할로스린(주렁, 첨병), 에토펜프록스(트레본, 세배로) 등을 5~6월 수관살포. 이미다클로프리드(어드마이어), 포스파미돈(포스팜), 클로티아디닌(볼케이노) 등을 6~7월 수간주입
- 수종 : 양버즘나무, 닥나무, 물푸레나무, 히어리 등

③ **미국흰불나방**(*Hyphantria cunea*)

- 피해 : 어린 유충이 실을 토하여 잎을 감아 집을 만듦. 엽맥을 남기고 식해
- 형태 : 성충은 10mm 내외의 백색으로 날개에 검은색 반점 있음. 노숙유충은 30mm 내외로 체색 변이가 많음
- 생태 : 1년에 2회 발생. 번데기로 월동. 5~8월 성충 출현
- 방제 : 델타메트린(데시스), 에스펜발러레이트(적시타), 카버릴(나크) 등을 5~10월 수관살포
- 수종 : 양버즘나무, 물푸레나무류, 벚나무, 사과나무, 감나무 등

10) 사철나무

① **거북밀깍지벌레**(*Ceroplastes japonicus*)

- 피해 : 가지 및 잎에 기생하며 수액 흡즙. 수세 약화. 조기낙엽. 그을음 발생
- 형태 : 약충은 흰색의 별 모양. 암컷 성충은 3~4mm의 반구형
- 생태 : 1년에 1회 발생. 성충으로 월동. 5~6월 산란. 7월 부화
- 방제 : 메티다티온(수프라사이드), 디메토에이트(로고), 페니트로티온(스미치온) 등을 6~7월에 수관살포
- 수종 : 사철나무, 벚나무, 감나무, 살구나무, 배나무, 모과나무, 회양목, 화살나무, 버즘나무, 은행나무 등

② **사철나무혹파리**(*Masakimyia pustulae*)

- 피해 : 유충이 잎 속에 기생하여 잎 표면에 울퉁불퉁한 원형의 수포가 발생. 피해엽은 황변하며 조기낙엽
- 형태 : 유충은 2mm 내외로 황색. 성충은 2~2.5mm 내외
- 생태 : 1년에 1회 발생. 유충으로 월동. 4월 성충 출현
- 방제 : 피해엽은 소각. 페니트로티온(스미치온), 트리클로르폰(디프) 등을 4월경 수관살포
- 수종 : 사철나무, 화살나무 등

③ **노랑털알락나방**(*Pryeria sinica*)

- 피해 : 유충이 가지만 남기고 잎을 모두 식해
- 형태 : 노숙유충은 20mm 내외의 황백색으로 짙은 세로줄과 미세한 털이 있음
- 생태 : 1년에 1회 발생. 알로 월동. 10~11월 성충 출현
- 방제 : 트리틀로르폰(디프), 페니트로티온(스미치온), 에스펜발러레이트(적시타) 등을 발생 초기에 수관살포
- 수종 : 사철나무, 화살나무, 사스레피나무, 화살나무, 참빗살나무 등

④ **사철깍지벌레**(*Unaspis euonymi*)

- 피해 : 잎과 가지에 기생하며 수액을 흡즙. 피해엽은 황변. 수세 약화. 조기낙엽. 미관 저해
- 형태 : 암컷 성충은 짙은 갈색의 장방형으로 크기는 약 2mm 내외. 수컷 성충은 백색의 길쭉한 형태로 크

기는 1~1.5mm 내외
- 생태 : 1년에 2회 발생. 암컷 성충으로 월동. 5~6월, 7~8월 2회 부화유충이 나타남
- 방제 : 피해부위는 즉시 제거 후 소각. 페니트로티온(스미치온), 메티다티온(수프라사이드) 등을 5~8월에 수관살포
- 수종 : 사철나무, 회양목, 참빗살나무, 화살나무, 꽝꽝나무 등

⑤ **남방차주머니나방**(*Eumeta japonica*)

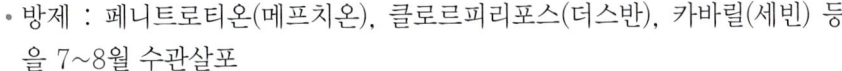

- 피해 : 잡식성 해충으로 벌레집 주머니를 만들고 그 속에 잠복하며 잎을 가해
- 형태 : 노숙유충은 황갈색에 크기는 20~35mm 정도. 성충은 35mm 내외
- 생태 : 1년에 1회 발생. 주머니에서 유충으로 월동
- 방제 : 페니트로티온(메프치온), 클로르피리포스(더스반), 카바릴(세빈) 등을 7~8월 수관살포
- 수종 : 사철나무, 차나무, 애기동백, 돈나무, 식나무, 금목서, 벚나무, 매실나무, 버즘나무, 화살나무, 단풍나무, 배롱나무, 향나무 등

11) 회양목

① **회양목명나방**(*Glyphodes perspectalis*)

- 피해 : 유충이 잎을 식해
- 형태 : 유충은 황록색에 크기 35mm 내외
- 생태 : 1년에 2회 발생. 번데기로 월동. 4월부터 유충 출현. 6~8월에 성충 출현
- 방제 : 디플루벤주론(애버린), 플루페녹수론(카스케이드, 아롱이), 트리클로르폰(디프), 페니트로티온(스미치

온) 등을 4~5월에 수관살포
- 수종 : 회양목

12) 배나무

① 배나무방패벌레(*Stephanitis nashi*)

- 피해 : 성충과 약충이 잎 뒷면에서 수액을 흡즙. 피해엽은 갈변 후 고사. 조기낙엽 및 수세 약화
- 형태 : 성충은 회색 방패 모양으로 크기는 3.5mm 내외. 날개는 투명하나 X자 흑갈색 반점 있음
- 생태 : 1년에 4회 발생. 성충으로 월동
- 방제 : 페니트로티온(스미치온), 람다사이할로스린(주렁, 첨병), 에토펜프록스(트레본, 세배로) 등을 5~6월 수관살포. 이미다클로프리드(어드마이어), 포스파미돈(포스팜), 클로티아디닌(볼케이노) 등을 6~7월 수간주입
- 수종 : 배나무, 사과나무, 벚나무, 자두나무, 살구나무, 명자나무 등

② 은무늬굴나방(*Lyonetia prunifoliella*)

- 피해 : 유충이 잎을 가해. 피해엽은 갈변. 수세 약화. 조기낙엽
- 형태 : 성충은 은백색에 5mm 내외. 유충은 황갈색 또는 녹색이며 크기는 5mm 내외
- 생태 : 1년에 6회 발생. 성충으로 월동. 5월 초순 산란
- 방제 : 디플루벤주론(디밀린, 초심), 티아클로프리드(칼립소), 페니트로티온(스미치온) 등을 5월에 수관살포
- 수종 : 배나무, 벚나무, 산사나무, 자작나무, 살구나무 등

13) 포플러

① 매미나방(*Lymantria dispar*)

- 피해 : 잡식성 해충으로 유충이 잎을 식해
- 형태 : 노숙유충은 흑자색으로 크기는 60mm 내외. 암컷 성충은 회백색에 크기는 20~30mm. 수컷 성충은 암컷보다 작음
- 생태 : 1년에 1회 발생. 난괴상태로 월동. 4월 중순 부화. 6~7월 번데기
- 방제 : 디플루벤주론(디밀린), 카바릴(세빈, 나크), 페니트로티온(스미치온) 등을 5월에 수관살포
- 수종 : 벚나무, 매실나무, 자작나무, 감나무, 단풍나무, 배롱나무, 포플러, 소나무 등

14) 쥐똥나무

① 쥐똥밀깍지벌레(*Ericerus pela*)

- 피해 : 가지에 기생하여 수액을 흡즙. 수세 약화. 심하면 고사함. 미관 저해
- 형태 : 암컷 성충은 짙은 갈색의 넓은 타원형으로 크기는 10mm 내외. 수컷 성충은 가지에 군서하며 백색 밀랍으로 덮여 있음
- 생태 : 1년에 1회 발생. 성충으로 월동. 5월 하순 깍지 속에 산란. 6~7월 약충 출현
- 방제 : 메티다티온(수프라사이드), 디메토에이트(로고), 페니트로티온(스미치온) 등을 피해 발생 시에 수관살포
- 수종 : 쥐똥나무, 이팝나무, 물푸레나무 등

15) 가중나무

① 가중나무고치나방(*Samia cynthia*)

- 피해 : 유충이 잎을 식해. 유충이 대형으로 섭식량이 많아 피해 큼
- 형태 : 노숙유충은 청록색으로 크기는 50mm 내외. 몸마디에 육질의 돌기 있음
- 생태 : 1년에 2회 발생. 번데기로 월동. 6월과 8월 우화. 7~10월에 유충 출현

- 방제 : 트리클로르폰(디프), 페니트로티온(스미치온) 등을 유충발생시 수관살포
- 수종 : 가중나무, 소태나무, 대추나무, 감탕나무, 녹나무, 상수리나무, 때죽나무, 붉나무, 사과나무, 때죽나무 등

16) 개나리

① 개나리잎벌(*Apareophora forsythiae*)

- 피해 : 잎에 군서하며 가해. 줄기만 남게 됨
- 형태 : 노숙유충은 흑색이고 크기는 16mm 내외. 성충은 황색
- 생태 : 1년에 1회 발생. 땅속에서 유충으로 월동. 4월 우화

- 방제 : 클로르피리포스(더스반), 메티다티온(수프라사이드), 트리클로르폰(디프) 등을 4월에 수관살포
- 수종 : 개나리

17) 참나무류

① 도토리거위벌레(*Mecorhis ursulus*)

- 피해 : 도토리에 구멍을 뚫은 후 산란. 가지 낙하시킴. 조기 낙과

- 형태 : 성충은 검은색으로 크기는 9mm 내외. 노숙유충은 유백색에 크기는 7~11mm
- 생태 : 1년에 1회 발생. 땅속에서 유충으로 월동. 7~9월 출현. 최성기는 8월 상순
- 방제 : 펜토에이트(엘산, 씨디알, 파프), 사이플루트린(스타터, 바이린), 치아메톡삼, 페니트로티온(메프치온) 등을 8~9월 수관살포
- 수종 : 참나무류

② **독나방**(*Euproctis subflava*)
- 피해 : 유충이 군서하며 잎을 식해. 털에 독이 있음
- 형태 : 노숙유충은 황색에 크기는 35mm 내외. 몸에 많은 돌기와 털이 있고 검은색 반점이 있음
- 생태 : 1년에 1회 발생. 유충으로 월동. 4~5월에 활동 시작
- 방제 : 트리클로르폰(디프) 등을 4~5월에 수관살포
- 수종 : 참나무류, 벚나무, 매실나무, 감나무, 철쭉류, 진달래, 배롱나무, 대추나무 등
-

③ **참나무재주나방**(*Phalera assimilis*)
- 피해 : 유충이 군서하며 잎을 식해
- 형태 : 노숙유충은 검은색에 크기는 50mm 내외. 긴 털과 갈색 선이 있음. 성충은 회갈색
- 생태 : 1년에 1회 발생. 번데기로 월동. 6~8월 성충 출현
- 방제 : 드리클로르폰(디프) 등을 8~9월 수관살포
- 수종 : 참나무류, 벚나무, 배나무 등

④ 밤나무혹벌(*Dryocosmus kuriphilus*)

- 피해 : 유충이 밤나무 겨울눈에 기생하며 수액 흡즙. 10~15mm의 충영이 발생. 유실수로서 기능 상실. 생장불량
- 형태 : 유충은 유백색으로 크기는 2.5mm 내외. 성충은 흑색으로 크기는 2~3mm
- 생태 : 1년에 1회 발생. 유충으로 월동. 6~7월 성충 출현
- 방제 : 페니트로티온(스미치온), 델타메트린(데시스, 에스엠델타린) 등을 6~7월에 수관살포
- 수종 : 밤나무

⑤ 붉은머리재주나방(*Phalera minor*)

- 피해 : 유충이 군서하며 잎을 식해
- 형태 : 유충은 검은색에 털이 많고 머리는 붉은색이며 크기는 50mm 내외
- 생태 : 1년에 1회 발생. 땅속에서 번데기로 월동. 7~8월 성충 출현
- 방제 : 트리클로르폰(디프) 등을 8~9월 수관살포
- 수종 : 참나무류

⑥ 대벌레(*Baculum elongatum*)

- 피해 : 잎을 식해
- 형태 : 성충의 크기는 10cm 내외이며 주위 환경에 따라 색깔은 다름
- 생태 : 1년에 1회 발생. 알로 월동. 3~4월 부화. 성충이 되기 위해 암컷은 6회, 수컷은 5회 탈피함. 6월 성충 출현

- 방제 : 펜토에이트(파프), 페니트로티온(스미치온) 등을 유충 발생 시 수관 살포
- 수종 : 참나무류, 느티나무, 벚나무, 등나무, 감나무, 황매화 등

⑦ **흰독나방**(*Euproctis similis*)

- 피해 : 유충이 잎 뒷면에 군서하며 식해. 털에 독이 있어 피부에 닿으면 통증 유발
- 형태 : 유충은 황색 또는 흑갈색으로 크기는 25mm 내외. 성충은 백색
- 생태 : 1년에 2회 발생. 유충으로 월동. 8~9월 성충 출현

- 방제 : 트리클로르폰(디프), 페니트로티온(스미치온) 등을 유충 발생 시 수관살포
- 수종 : 참나무류, 벚나무, 매실나무, 버드나무, 장미, 감나무, 느티나무, 철쭉류 등

⑧ **주둥무늬차색풍뎅이**(*Adoretus tenuimaculatus*)

- 피해 : 성충이 잎을 식해하여 엽맥만 남김. 수세 약화
- 형태 : 성충은 갈색에 황백색 단모가 덮인 길쭉한 원통형으로 크기는 10mm 내외
- 생태 : 1년에 1회 발생. 유충으로 월동. 6~7월 성충 출현
- 방제 : 페니트로티온(스미치온), 트리클로르폰(디프) 등을 5~7월 수관살포
- 수종 : 참나무류, 느티나무, 대추나무, 버드나무, 감나무 등

⑨ 뽕나무이(*Anomoneura mori*)

- 피해 : 흡수성 해충으로 약충이 잎 뒷면에 군서하며 흡즙. 피해엽은 황변. 조기낙엽. 흰 가루 발생
- 형태 : 성충은 황갈색으로 크기는 3~4mm
- 생태 : 1년에 1회 발생. 성충으로 월동. 5~6월 산란. 6~7월 성충 출현
- 방제 : 이미다클로프리드(코니도) 등을 5~6월 수관살포
- 수종 : 뽕나무류

⑩ 참콩풍뎅이(*Popillia flavosellata*)

- 피해 : 성충은 잎과 꽃을 가해
- 형태 : 성충은 광택이 있는 남색으로 크기는 10~13mm
- 생태 : 1년에 1회 발생. 땅속에서 유충으로 월동. 5~8월 성충 출현
- 방제 : 페니트로티온(스미치온), 트리클로르폰(디프) 등을 5~8월 수관살포
- 수종 : 참나무류, 느티나무, 느릅나무, 벚나무, 버드나무, 자작나무, 감나무, 장미 등

⑪ 광릉긴나무좀(*Platypus koryoensis*)

- 피해 : 참나무시들음병의 매개충으로 수목의 목질부에 구멍을 뚫어 피해를 줌. 구멍에 유충의 먹이가 되는 암브로시아균을 감염시킴. 균의 증식으로 수분 이동이 차단되어 고사함
- 형태 : 성충은 암갈색에 크기는 4~

5mm. 암컷 성충의 가슴등판에는 곰팡이를 가지고 있는 균낭(mycangia)이 5~11개 정도 있음
- 생태 : 1년에 1회 발생. 유충 또는 성충으로 월동. 성충은 5~10월 출현
- 방제 : 피해가 심한 나무는 벌채 후 메타소디움 훈증제 처리. 페니트로티온(메프치온)을 6월에 수관살포
- 수종 : 신갈나무, 서어나무, 갈참나무, 졸참나무, 상수리나무

⑫ 오리나무좀(*Xylosandrus germanus*)

- 피해 : 쇠약목 또는 고사목을 가해함. 암브로시아 균 감염시킴
- 형태 : 암컷 성충은 광택 있는 흑갈색의 원통형으로 몸길이는 2mm 내외. 더듬이와 다리는 황갈색. 수컷은 광택 있는 황갈색의 긴 타원형으로 몸길이는 1.2mm 내외
- 생태 : 1년에 2회 발생. 성충으로 월동. 5~6월 활동 시작. 6~9월에 유충 출현
- 방제 : 번식처는 제거 후 소각. 페니트로티온(메프치온, 스미치온) 등을 피해 초기에 수관살포
- 수종 : 오리나무, 느티나무, 자작나무, 단풍나무류, 참나무류, 벚나무, 소나무, 삼나무 등

18) 자귀나무

① 자귀나무이(*Acizzia jamatonica*)

- 피해 : 잎의 수액 흡즙. 수세 약화. 수관이 엉성해짐. 그을음 발생. 미관 저해
- 형태 : 성충은 체색 변이가 있으며 크기는 2mm 내외. 여름형은 황색. 가을형은 다갈색
- 생태 : 1년에 수회 발생. 성충으로 월동

- 방제 : 페니트로티온(스미치온), 메티다티온(수프라사이드), 아세페이트(오트란, 아시트, 골게터) 등을 피해 발생 시 수관살포
- 수종 : 자귀나무

19) 대나무

① 대나무쐐기알락나방(*Balataea funeralis*)

- 피해 : 유충이 군서하며 잎을 식해
- 형태 : 유충은 황갈색이며 긴 털이 있고 크기는 20mm 내외. 성충은 남색
- 생태 : 1년에 2회 발생. 번데기로 월동. 5~8월 우화. 잎 뒷면에 100~200여 개의 알을 낳음
- 방제 : 페니트로티온(스미치온), 트리클로르폰(디프), 에토펜트록스(뚝심) 등을 유충 발생 시 수관살포
- 수종 : 대나무, 조릿대, 사사

20) 아까시나무

① 아까시잎혹파리(*Obolodiplosis robiniae*)

- 피해 : 유충이 잎 가장자리를 말고 흡즙. 흰가루병과 그을음이 발생
- 형태 : 성충의 크기는 3~5mm. 유충은 유백색의 구더기 형태로 크기는 5mm 내외
- 생태 : 1년에 5~7회 발생. 낙엽에서 번데기로 월동. 5월 초 우화
- 방제 : 티아클로프리드(칼립소), 이미다클로프리드(코니도) 등을 발생 초기 수관살포
- 수종 : 아까시나무

21) 기타 수목

① 녹색콩풍뎅이(*Popillia quadriguttata*)

- 피해 : 성충은 잎을 가해. 유충은 뿌리 식해
- 형태 : 성충은 광택이 있고 몸은 녹색, 날개는 갈색으로 크기는 10~12mm. 유충은 흰색으로 노숙유충은 25mm
- 생태 : 1년에 1회 발생. 유충으로 월동. 5월경 땅속에서 번데기가 됨. 6~7월 성충 출현
- 방제 : 페니트로티온(스미치온), 트리클로르폰(디프) 등을 6~7월 수관살포
- 수종 : 아까시나무, 박태기나무, 등나무, 사과나무, 감나무 등

② 향나무알락명나방(*Dioryctria juniperella*)

- 피해 : 유충이 가지와 잎을 거미줄로 뭉치게 하고 식해. 피해엽은 갈변하고 고사. 미관 저해
- 형태 : 유충은 짙은 회색에 크기는 15mm 내외. 성충은 검정색으로 날개 길이는 약 10mm 내외
- 생태 : 1년에 1회 발생. 성충은 6~7월, 유충은 10월까지 출현함
- 방제 : 페니트로티온(스미치온, 메프치온) 등을 6월부터 수관살포
- 수종 : 향나무

③ 목화명나방(*Notarcha derogata*)

- 피해 : 무궁화에 피해 많음. 유충이 잎 뒷면에 거미줄을 쳐서 둥글게 말고 식해함
- 형태 : 노숙유충은 짙은 녹색으로 크기는 22mm 내외. 성충은 다갈색으로 불규칙하고 짙은 갈색 반점이 있음
- 생태 : 1년에 2~3회 발생. 유충으로 월

동. 5~6월(제1화기), 7월(제2화기), 8~9월(제3화기)에 성충 출현함
- 방제 : 유충은 잎을 제거 후 소각. 페니트로티온(스미치온, 메프치온), 클로르피리포스(그로포) 등을 발생 초기 수관살포
- 수종 : 무궁화, 부용, 벽오동나무, 참오동나무, 윤노리나무, 아왜나무 등

④ 꽃매미(*Lycorma delicatula*)

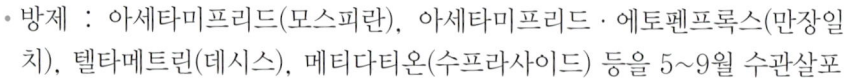

- 피해 : 약충과 성충이 줄기 및 과실을 흡즙. 성장 억제. 경관 저해.
- 형태 : 성충의 날개는 회색에 검은색 반점이 있고, 뒷날개는 붉은색으로 크기는 20~30mm. 약충은 검은색에 흰색 반점이 있음
- 생태 : 1년에 1회 발생. 알로 월동. 5월 부화. 7~8월 우화
- 방제 : 아세타미프리드(모스피란), 아세타미프리드 · 에토펜프록스(만장일치), 델타메트린(데시스), 메티다티온(수프라사이드) 등을 5~9월 수관살포
- 수종 : 매실나무, 사과나무, 자작나무, 은수원사시나무, 능소화, 가죽나무, 참죽나무, 포도나무 등

⑤ 몸큰가지나방(*Biston robustus*)

- 피해 : 유충이 잎을 식해
- 형태 : 노숙유충은 짙은 갈색에 크기는 70~90mm. 성충은 회갈색의 대형 나방으로 날개 길이는 50~60mm
- 생태 : 1년에 1회 발생. 번데기로 월동. 4월 초 우화 산란함. 4~5월 유충이 식해. 8월 초 번데기 됨
- 방제 : 델타메트린(데시스), 에스펜발러레이트(적시타), 카버릴(나크) 등을 4~8월 수관살포
- 수종 : 모감주나무, 느티나무, 녹나무, 벚나무, 사과나무, 배나무, 층층나무, 사철나무, 동백나무, 참나무류, 아까시나무 등

03 | 병해

(1) 침엽수의 병

① 소나무잎마름병(*Pseudocercospora pini-densiflorae*)

- 피해수종 : 소나무, 곰솔, 스트로브잣나무, 리기다소나무, 방크스소나무 등
- 피해형상 : 1~2년생 묘목에 발생 많음. 병든 잎은 갈변. 조기낙엽. 피해목은 2차 병해충 피해에 노출
- 병징·표징 : 봄에 황색 반점이 침엽 끝부분에 형성. 갈변한 잎은 10mm 내외의 녹색부와 회갈색부가 교대로 형성됨. 검은색 균퇴가 회갈색 부위에 형성됨
- 방제 : 발병하면 방제가 어려우므로 예방이 우선임. 발생 초기 제거 후 소각. 코퍼하이드록사이드(쿠퍼)를 4~10월에 수관살포

② 소나무가지끝마름병(*Sphaeropsis sapinea*)

- 피해수종 : 소나무, 리기다소나무, 방크스소나무, 잣나무, 스트로브잣나무 등
- 피해형상 : 수세가 약한 나무의 가지에 발생
- 병징·표징 : 6월부터 신초가 짧아지며 황변. 가지가 처지고 고사. 송진이 발생. 둥근 흑색 돌기 형성
- 방제 : 피해엽은 제거 후 소각. 비배관리에 중점. 가지솎기를 통해 통풍을 좋게 함. 비터타놀·프로피네브(바이코에이), 만코제브(다이센엠-45) 등을 6~8월 수관살포

③ 소나무갈색무늬병(*Lecanosticta acicola*)
- 피해수종 : 소나무, 곰솔, 잣나무, 스트로브잣나무 등
- 피해형상 : 수관 하부의 잎에 주로 발생. 심하면 고사함
- 병징·표징 : 피해엽은 끝부분에서 기부 쪽으로 적갈색 반점이 생기며 고사함. 수세 약화
- 방제 : 피해엽은 제거 후 소각. 만코제브(다이센엠-45) 등을 병 발생 시 수관살포. 터부코나졸(바이칼)을 3월에 수간주사

④ 피목가지마름병(*Cenangium ferruginosum*)
- 피해수종 : 소나무, 곰솔, 잣나무, 스트로브잣나무 등
- 피해형상 : 수세가 약한 나무에 발생. 이상고온 및 가뭄이 심할 경우 피해 큼
- 병징·표징 : 어린 가지의 분지점에서 송진이 발생하며 고사. 검은색 균체가 병환부의 피목에 돌출함
- 방제 : 비배관리에 중점. 피해목은 제거 후 소각. 만코제브·누아리몰(비엑스알), 만코제브·메탈락실(리도밀엠지) 등을 봄과 7~8월에 수관살포

⑤ 잣나무잎떨림병(*Lophodermium maximum*)
- 피해수종 : 잣나무, 스트로브잣나무, 소나무, 곰솔, 리기다소나무 등
- 피해형상 : 3~5월 피해엽은 적변하고 조기낙엽. 경기도 및 강원도 고산지역에 발생
- 병징·표징 : 수관 하부에 발생 많음. 3~5월 잎이 적변. 6~7월 피해

엽에 자낭반 형성. 자낭포자가 새로운 나무로 날아가 기공을 통해 침입
- 방제 : 피해엽은 제거 후 소각. 통풍이 좋게 함. 베노밀(벤레이트, 다코스), 마이클로뷰타닐(마이탄), 만코브제(다이센엠-45), 클로로탈로닐(다코닐, 새나리) 등을 6~8월 수관살포

⑥ 소나무잎녹병(*Coleosporium phellodendri*)

- 피해수종 : 소나무, 곰솔, 잣나무, 스트로브잣나무, 중간기주(황벽나무, 넓은잎황벽나무, 쑥부쟁이류, 취류 등 국화과 식물, 잔대, 애기도라지, 모시대)
- 피해형상 : 피해목은 조기낙엽 및 생장불량
- 병징·표징 : 4~5월 잎에 흑갈색 반점 발생. 황색 주머니 형성
- 방제 : 피해목 주변 외곽 10m까지 중간기주를 제거. 트리아디메폰(바리톤, 티디폰), 만코제브(다이센엠-45, 만코지) 등을 9~10월에 수관살포

⑦ 잣나무털녹병(*Cronartium ribicola*)

- 피해수종 : 잣나무, 스트로브잣나무, 중간기주(까치밥나무, 송이풀 등)
- 피해형상 : 이중 기생하는 녹병균으로 15년생 이하의 잣나무에서 주로 발생
- 병징·표징 : 병원균은 잎의 기공을 통해 침입. 피해엽은 갈색 반점 생김. 수피는 황변
- 방제 : 피해목은 제거 후 소각. 디니코나졸(빈나리), 마이클로뷰타닐(시스텐), 트리아디메폰(바리톤, 티디폰) 등을 8월에 수관살포

⑧ 소나무혹병(*Cronartium quercuum*)

- 피해수종 : 소나무, 곰솔, 중간기주 (참나무류)
- 피해형상 : 소나무에 주로 발생. 혹이 생긴 부위가 부러짐
- 병징·표징 : 병원균이 가지나 줄기에 침입하여 혹을 생성. 혹의 상단부는 황변하며 수세가 약해짐
- 방제 : 피해 부위를 제거 후 소각. 트리아디메폰(바리톤), 만코제브(다이센엠-45) 등을 4~5월 수관살포

⑨ 소나무재선충병(*Bursaphelenchus xylophilus*)

- 피해수종 : 소나무, 곰솔, 잣나무, 스트로브잣나무, 섬잣나무, 전나무, 낙엽송 등
- 피해형상 : 소나무와 해송에 피해가 큼. 리기다소나무는 내병성 수종임
- 병징·표징 : 자체 분산력이 없어 매개충인 솔수염하늘소에 의해 전염됨. 피해목은 통도조직이 손상되어 수분 및 양분 이동이 어려워져 초기에는 시들다가 고사함
- 방제 : 피해목은 조기 발견 후 제거 소각. 감염목 외부 반출 금지. 페니트로티온(스미치온), 티아클로프리드(칼립소) 수관살포. 아바멕틴(올스타, 로멕틴, 인덱스) 수간주입

⑩ 일본잎갈나무잎떨림병(*Mycosphaerella laricis-leptolepidis*)

- 피해수종 : 일본잎갈나무
- 피해형상 : 큰 나무에서 주로 발생. 온도 및 수분 스트레스를 함께 받으면 고사함

- 병징·표징 : 7월에 잎 끝부분에 적갈색 병반이 형성되며 확산. 8월에 피해엽 낙하
- 방제 : 피해엽 수거 후 소각. 만코제브(다이센엠-45) 등을 5~7월에 수관 살포

⑪ 낙엽송가지끝마름병(*Guignardia laricina*)

- 피해수종 : 일본잎갈나무
- 피해형상 : 신초에 발생하며 밑부분으로 피해 확산. 수세 약화
- 병징·표징 : 피해엽은 구부러지거나 꼿꼿한 형태로 고사. 피해부와 건전부 사이에서 송진 발생. 피해부위에 7~8월 검은색 자낭각 발생
- 방제 : 피해부분은 제거 후 소각. 포리옥신디, 베노밀(벤레이트) 등을 수관 살포

⑫ 삼나무붉은마름병(*Cercospora sequoiae*)

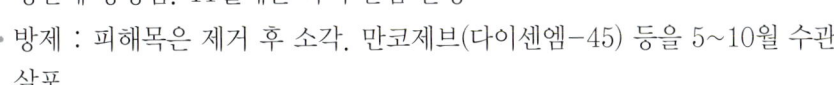

- 피해수종 : 삼나무, 낙우송
- 피해형상 : 통풍이 불량한 환경에서 주로 발생. 지상부 쪽 잎이나 가지에서 주로 발생
- 병징·표징 : 피해목은 지상부 잎과 가지가 갈변하고 고사함. 위쪽으로 확산됨. 9~10월 짙은 녹색 균체가 병반에 형성됨. 11월에는 흑색 반점 발생
- 방제 : 피해목은 제거 후 소각. 만코제브(다이센엠-45) 등을 5~10월 수관 살포

⑬ 편백·화백가지마름병(*Seiridium unicorne*)

- 피해수종 : 편백, 화백, 노간주나무
- 피해형상 : 측백나무과 수목의 주요 병. 어린 가지에 주로 발생. 일조량이

부족하거나 통풍이 불량한 하부 가지의 피해가 큼
- 병징·표징 : 줄기 및 가지에 발생하며 병환부는 부풀고 수피가 세로로 찢어짐. 송진 발생. 병환부 상부는 적변하며 고사함. 병환부에서 검은색 돌기가 발생
- 방제 : 피해부위는 제거 후 소각. 만코제브(다이센엠-45, 만코지) 등을 수관살포

⑭ 은행나무잎마름병(*Pestalotia sinensis*)
- 피해수종 : 은행나무
- 피해형상 : 통풍이 불량한 경우 및 여름철 고온건조한 날씨가 장기간 지속되거나 태풍이 지나간 뒤에 주로 발생
- 병징·표징 : 7~8월 발생 시작하며 초가을 증상이 심함. 잎의 가장자리에 회갈색의 마른 병반이 생성. 병원균은 병환부에서 월동
- 방제 : 피해엽은 제거 후 소각. 클로로탈로닐(다코닐), 코퍼옥시클로라이드·메타락실(리도밀동) 등을 수관살포

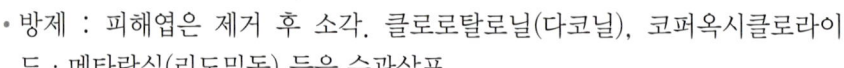

⑮ 향나무녹병(*Gymnosporangium asiaticum*)
- 피해수종 : 향나무, 가이즈까향나무, 눈향나무, 팥배나무, 산사나무, 모과나무, 명자나무 등
- 피해형상 : 병원균은 장미과 식물의 적성병과 동일함. 피해목은 수세가 약해지며 고사함. 조기낙엽 및 생장 저하. 과수에서는 붉은별무늬병으로 알려짐

- 병징·표징 : 4~5월경 우천 시 잎과 가지에서 적갈색 겨울 포자퇴가 발생
- 방제 : 향나무가 식재된 지역 반경 2km까지는 장미과 식물 식재 금지. 트리아디메폰(바리톤, 티디폰), 디니코나졸(빈나리), 디페노코나졸(푸름이), 마이클로뷰타닐(시스텐), 테부코나졸(실바코) 등을 4~6월에 수관살포

(2) 활엽수의 병

① 그을음병(*Limacinia sp.*)

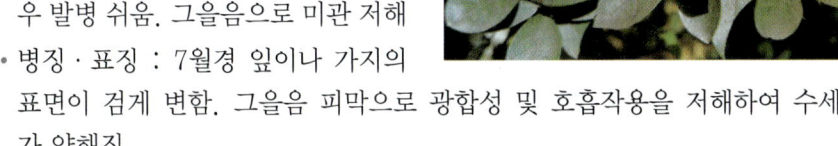

- 피해수종 : 많은 종류의 침엽수와 활엽수
- 피해형상 : 깍지벌레, 진딧물의 피해가 있는 수목에 흔히 발생. 통풍 불량, 일조량 부족, 양분 부족일 경우 발병 쉬움. 그을음으로 미관 저해
- 병징·표징 : 7월경 잎이나 가지의 표면이 검게 변함. 그을음 피막으로 광합성 및 호흡작용을 저해하여 수세가 약해짐
- 방제 : 가지솎기를 하여 통풍 및 일조 조건 개선. 흡즙 해충 방제. 티오파네이트메틸(지오판, 톱신페스트), 만코제브(다이센엠-45) 등을 수관살포

② 느티나무흰별무늬병(*Septoria abeliceae*)

- 피해수종 : 느티나무
- 피해형상 : 통풍 불량 지역에 주로 발생. 여름 장마 이후부터 초가을까지 발병. 수관 하부에서 발병하여 위쪽으로 확산
- 병징·표징 : 피해엽은 갈색의 작은 반점이 발생하며 확산됨. 병반 중앙은 회백색이라 백성병이라 함. 병반에 소립점 발생
- 방제 : 피해엽은 수거 후 소각. 만코제브·메타락실(리도밀엠지), 만코제브·옥사딕실(굳케어), 동수화제(옥시동, 신기동, 포리동) 등을 5~9월 수관살포

③ 대추나무빗자루병(*Phytoplasma*)

- 피해수종 : 대추나무, 광나무, 쥐똥나무, 수수꽃다리 등
- 피해형상 : 가지와 잎이 빗자루 모양으로 총생함

- 병징·표징 : 피해목은 가지의 일부분에 빗자루 모양으로 잔가지와 작은 잎이 총생함. 빗자루 모양의 가지가 다음 해까지 지저분하게 붙어 있음
- 방제 : 피해목은 제거 후 소각. 옥시테트라사이클린(사이클린), 테라마이신 등을 5~6월 수간주입

④ 벚나무균핵병(*Monilinia kusanoi*)

- 피해수종 : 벚나무
- 피해양상 : 새순이 나올 때 비가 많으면 주로 발생. 신초나 신엽이 시들다가 고사하고 회백색 곰팡이 발생. 통풍이 불량한 수관 하부에 주로 발생
- 병징·표징 : 봄에 병원균이 침입하여 잎에 갈색 병반이 주맥을 따라 형성됨. 피해가 진전되면 잎 전체로 병반이 확산되고 병반 위에 흰색 가루 모양의 분생포자각이 형성됨
- 방제 : 피해 받은 낙엽 및 열매는 수거 후 소각. 베노밀(벤레이트, 다코스), 만코제브(다이센엠-45, 만코지), 메탈락실(리도밀), 디페코나졸(푸르겐) 등을 개엽 직전 또는 직후에 수관살포

⑤ 벚나무빗자루병(*Taphrina wiesneri*)

- 피해수종 : 벚나무
- 피해양상 : 피해 초기에는 가지의 일부분이 혹 모양으로 부풀고 잔가지가 총생함. 4~5년 지속되면 나무 전체로 확산됨
- 병징·표징 : 가지가 혹 모양으로 부풀고 잔가지와 잎이 총생하여 빗자루 모양으로 됨. 시간이 경과하면 빗자루 가지가 증가함. 피해엽은 5월경 갈변하

고 조기낙엽됨. 잎 뒷면에 전염원인 회백색 자낭층 발생
- 방제 : 잎 뒷면 백색포자가 발생하기 전에 잘라내어 소각. 보르도액(유기유황제), 코퍼하이드록사이드 · 스트렙토마이신(타미나) 등을 4~5월에 수관살포

⑥ **부란병**(*Valsa ceratosperma*)
- 피해수종 : 사과나무류, 뽕나무, 밤나무 등
- 피해양상 : 사과나무의 치명적인 병. 줄기와 가지에 발병. 병반부가 가지를 둘러싸면 상단의 잎은 황변 후 고사함. 천공해충의 피해부위를 중심으로 발병됨

- 병징 · 표징 : 3~6월경 줄기 및 가지의 수피에 갈색의 부정형 병반이 부풀어 오름. 수피가 갈변하고 진전되면 검은 돌기가 생기며 노란 실 모양의 포자퇴가 나와 비산함
- 방제 : 질소질 비료를 줄임. 가지치기 후 절단면은 방부처리함. 비배관리. 병환부는 제거 후 네오아소진(네오진), 비터타놀(방어왕), 오파네이트메틸(지오판, 톱신페스트), 폴리옥신디(가겐겔) 등을 처리

⑦ **배나무검은무늬병**(*Alternaria gaisen*)
- 피해수종 : 배나무
- 피해양상 : 배수 불량 및 척박지의 수세가 쇠약한 나무에 주로 발생
- 병징 · 표징 : 잎, 가지, 과실에 발생. 잎에 1~5mm의 부정형의 흑갈색 병반이 윤문과 함께 발생. 조기낙엽. 유과에 발생하면 함몰된 흑색 병반이 형성되고 오래되면 경화되고 열과 됨

- 방제 : 병든 낙엽은 소각. 옥신코퍼·폴리옥신비(더부러,포리동), 디티아논(델란), 디페코나졸(푸르겐), 플루퀸코나졸(파리사드) 등을 5월부터 수관살포

⑧ 자두나무주머니병(*Taphrina pruni*)
- 피해수종 : 자두나무, 앵두나무, 양앵두나무
- 피해형상 : 잎, 가지, 과실에 발생. 봄에 추운 곳에서 주로 발생. 낙화 후부터 5월까지 발생
- 병징·표징 : 피해부위는 이상비대하여 자루 모양이 되고, 흰 가루가 덮인 황록색이었다가 시간이 지나면 흑갈색으로 변함

- 방제 : 피해부는 제거 후 소각. 만코제브(다이센엠-45) 등을 4~5월에 수관살포

⑨ 장미검은무늬병(*Diplocarpon rosae*)
- 피해수종 : 장미류
- 피해형상 : 봄부터 가을까지 장미에 주로 발생하는 병. 피해목은 잎이 쉽게 떨어지고 수세가 약해짐. 줄장미의 피해가 많음. 과습지역 발생 많음
- 병징·표징 : 피해 초기 잎에 암갈색 원형 반점 발생. 병이 진전되면 10mm 내외의 불규칙한 형태의 흑색 반점이 됨. 피해엽은 조기낙엽
- 방제 : 피해부위는 제거 후 소각. 클로로탈로닐(다코닐), 만코제브(다이센엠-45, 만코지), 아족시스트로빈(아미스타, 오티바) 등을 5월에 수관살포

⑩ 사과나무겹무늬썩음병, 배나무겹무늬병(*Botryosphaeria dothidea*)
- 피해수종 : 사과나무, 배나무, 벚나무, 복숭아나무, 감나무, 포도나무, 동백나무 등

- 피해형상 : 피해목은 수세가 약해짐. 잎과 줄기가 지저분해져 경관 저해
- 병징·표징 : 가지 및 열매에 주로 발생. 피해 초기 열매에는 황갈색 작은 반점 발생. 진전되면 반점이 커지며 윤문상 큰 병반이 형성되고 부패·낙과함. 잎에는 회갈색 겹무늬가 형성. 가지에는 흑색 병자각이 형성된 조그만 혹 발생

- 방제 : 비배관리에 중점. 피해부위는 제거 후 소각. 만코제브(다이센엠-45, 만코지), 디페코나졸(푸리온, 푸르겐, 푸름이) 등을 6~8월에 수관살포

⑪ **산수유두창병**(*Elsinoe corni*)

- 피해수종 : 산수유나무
- 피해형상 : 봄에 주로 발생. 광합성 능력 저하로 수세 약화. 척박지 및 배수 불량한 지역에 주로 발생

- 병징·표징 : 5월에 적갈색의 불규칙한 원형 반점이 잎에 발생. 반점은 커지며 변색되고 구멍이 뚫림
- 방제 : 피해부위는 제거 후 소각. 시비 및 비배관리. 옥쏘리닉에시드(일품) 등을 5월 및 장마 직후에 수관살포

⑫ **장미잿빛곰팡이병**(*Botrytis cinerea*)

- 피해수종 : 장미, 사과나무, 감나무, 대추나무, 수수꽃다리, 식나무, 팔손이, 협죽도, 낙엽송 등
- 피해형상 : 꽃, 잎, 가지에 발생. 피해 받은 꽃은 시들고 썩음. 습한 조건에 쉽게 발병

- 병징·표징 : 피해엽은 변색. 꽃에

발병하면 원형 반점이 생성되고 변색하며 고사함
- 방제 : 피해부위는 제거 후 소각. 통풍조건 개선. 펜헥사미드(텔도), 피리메타닐(미토스), 플루디옥소닐(메달리온) 등을 발병 초기에 수관살포

⑬ 회화나무녹병(Uromyces truncicola)
- 피해수종 : 회화나무
- 피해형상 : 잎, 가지, 줄기에 발생. 피해목은 생육불량. 조경수로 많이 이용되면서 자주 발생

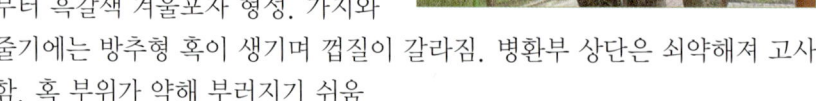

- 병징·표징 : 7월 초부터 잎 뒷면에 황갈색 여름포자가 형성. 8월 하순부터 흑갈색 겨울포자 형성. 가지와 줄기에는 방추형 혹이 생기며 껍질이 갈라짐. 병환부 상단은 쇠약해져 고사함. 혹 부위가 약해 부러지기 쉬움
- 방제 : 피해부위는 제거 후 소각. 헥사코나졸(라피드), 만코제브(다이센엠-45, 만코지) 등을 개엽 시기부터 9월까지 수관살포

⑭ 포플러잎녹병, 철쭉잎녹병(Melampsora larici-populina)
- 피해수종 : 포플러류, 버드나무류, 은사시나무, 양버들, 낙엽송(중간기주) 등
- 피해형상 : 잎에 작은 황색 반점 형성. 조기 낙엽 및 생장 감소. 낙엽송과 기주교대함

- 병징·표징 : 잎이 병원균에 피해를 받으면 8월부터 낙엽이 시작됨. 상층부 일부만 남기고 모두 낙엽. 잎 뒷면에 황색 반점 발생
- 방제 : 피해엽은 수거 후 소각. 만코제브(다이센엠-45, 만코지), 마이클로뷰타닐(시스텐), 크레속심메틸(스트로비), 플루실라졸(카리스마) 등을 6~9월에 수관살포

⑮ **철쭉떡병**(*Exobasidium japonicum*)

- 피해수종 : 철쭉류, 진달래류
- 피해형상 : 철쭉류가 식재된 곳에 흔히 발생함. 일조 부족, 과습, 통풍이 불량한 곳에서 주로 발생
- 병징·표징 : 5월경부터 꽃눈과 잎에 전염되어 부정형 주머니 모양의 혹이 발생. 혹은 백색이나 빛을 받

으면 적색으로 변하고 백색 분말이 덮이며 포자가 비산한 후에는 흑갈색으로 변함
- 방제 : 혹처럼 생긴 병징이 나타나면 제거 후 소각. 가지솎기로 통풍 및 일조 조건 개선. 동수과제(옥시동, 신기동, 포리동) 등을 4~5월에 수관살포

⑯ **흰가루병**(*Uncinuliella australiana*)

- 피해수종 : 단풍나무류, 참나무류, 포플러류, 사철나무, 아까시나무, 배롱나무 등
- 피해형상 : 회백색의 곰팡이 균사류가 잎을 덮어 광합성 작용을 저해하고 수세를 약화시킴. 통풍이 불량한 곳과 햇빛이 부족한 곳에 주로 발생. 미적 가치 떨어뜨림

- 병징·표징 : 잎 표면과 뒷면에 회백색의 곰팡이가 형성됨. 피해엽은 위축되어 기형이 되며, 수세가 떨어짐. 낙엽이 늦어짐
- 방제 : 피해엽은 수거 후 소각. 가지치기를 통해 통풍 및 일조 조건 개선. 결정석회황합제를 이른 봄에 수관살포. 사이플루페나미드·디페놀코나졸(월계수), 티오파네이트메틸(지오판, 톱신페스트) 등을 장마 직후 수관살포

⑰ **철쭉민떡병**(*Exobasidium yoshinagai*)

- 피해수종 : 철쭉류
- 피해형상 : 다른 떡병처럼 병환부가 부풀지 않고 밋밋함. 통풍과 일조조건이 불량한 수관 하부에 주로 발생

- 병징·표징 : 5~6월에 잎 전면에 3~10mm 정도의 황록색 둥근 병반이 형성되고 뒷면은 흰 가루가 발생함. 병의 진전에 따라 적갈색의 점이 형성되며 고사함
- 방제 : 피해엽은 제거 후 소각. 동수화제(옥시동, 신기동, 포리동) 등을 4~6월에 수관살포

⑱ 버즘나무탄저병(*Apiognomonia veneta*)
- 피해수종 : 버즘나무, 양버즘나무
- 피해형상 : 환경조건이 열악한 가로수 및 공원수에 발생
- 병징·표징 : 잎과 가지에 발생. 신초는 고사함. 성숙한 잎은 갈색 병반이 생기고 조기낙엽. 수세 약화. 경관 저해
- 방제 : 피해엽은 수거 후 소각. 석회유황합제를 동기에 수관살포. 만코제브(다이센엠-45, 만코지)를 하기에 수관살포

⑲ 칠엽수얼룩무늬병(*Guignardia aesculi*)
- 피해수종 : 칠엽수류
- 피해형상 : 척박지 및 고온·건조 스트레스를 받는 칠엽수에 주로 발생. 잎이 완전 낙엽됨
- 병징·표징 : 잎 가장자리에 작은 황갈색 병반이 발생. 병이 진전됨에 따라 적갈색으로 변하고 잎이 말리며 건조해 갈라지고 낙엽됨. 병반에는 분생포자각이 생기고 그 안에 분생포자가 형성됨

- 방제 : 피해엽 소각. 유기질비료 시비, 만코제브수화제(다이센엠-45, 만코지), 동 수화제(옥시동, 신기동, 포리동) 등을 발병 초기에 수관살포

⑳ 쥐똥나무둥근무늬병(*Pseudocercospora ligustri*)
- 피해수종 : 쥐똥나무
- 피해형상 : 전정작업으로 상처가 발생하기 쉬운 생울타리 쥐똥나무에서 주로 발생. 조기낙엽되며 심하면 고사함. 미관 저해
- 병징·표징 : 환경조건이 좋지 못한 아래쪽 가지부터 발생하여 위쪽으로 확산됨. 6월경부터 잎에 직경 1~3mm의 둥근 갈색 병반이 발생됨. 병반은 확산되며, 뒷면에는 황색 솜털 모양의 균체가 발생

- 방제 : 피해엽은 제거 후 소각. 디티아논(델란), 디페노코나졸(보가드), 만코제브·마이클로뷰타닐(시스텐엠) 등을 발병 초기 수관살포

04 | 농약

농약은 식물에 해로운 곤충, 균, 응애, 선충, 바이러스, 잡초 등을 없애거나 식물을 잘 자라게 하는 약품을 말한다.

(1) 농약의 분류

1) 사용 목적 및 작용 특성에 따른 분류

구분	내용
살균제	병을 일으키는 곰팡이와 세균을 구제하기 위한 약제
살충제	해충을 구제하기 위한 약제
살비제	응애류를 선택적으로 살상시키는 약제로 일반 곤충에는 살충력이 없음
살선충제	토양 및 식물에 기생하는 선충을 구제하는 데 사용하는 약제
제초제	잡초의 방제를 위한 약제
식물생장조절제	식물의 생장을 촉진 또는 억제하기 위해 사용하는 약제
혼합제	사용 목적 및 특성에 따라 서로 다른 약제를 혼합하여 하나로 만든 약제
보조제	농약의 효력을 높이기 위해 사용하는 약제

2) 주성분 조성에 따른 분류

구분	내용
유제(乳劑)	농약을 용제에 녹여 계면활성제를 가하여 제조한 것. 조제가 편리. 수화제보다 약효가 증진. 유리병을 사용해야 함
수화제(水和劑)	물에 용해하지 않는 농약을 균일하게 희석하기 위해 화이트카본, 증량제 및 계면활성제와 혼합하여 제제로 만든 것
수용제(水溶劑)	수화제와 특성이 같음. 농약주성분이 물에 대한 용해도가 높아 입상이나 정제를 만들어 사용하는 제제의 일종
분제(粉劑)	증량제, 물리성 개량제, 분해 방지제 등과 함께 가루 형태로 만든 제제
입제(粒劑)	증량제, 점결제, 계면 활성제를 혼합하여 입상으로 만든 약제
액제(液劑)	수용성의 액제상태의 약제로 가수분해의 우려가 없는 경우에 물에 녹여 계면활성제나 동결방지제를 첨가하여 제제
액상수화제(液狀水和劑)	수화제와 같은 약제로 물이나 용제에 잘 녹지 않는 것을 액상 형태로 제제하는 것
미립제(微粒劑)	살포 시 입자의 비산을 방지하기 위해 개발된 제형으로 입도 범위는 75~200mesh
DL분제	10mesh 이하의 미립자가 멀리 날아가지 않게 증량제와 응집제를 첨가하여 개량한 분제
훈증제(燻蒸劑)	상온에서 쉽게 증발하여 그 가스가 병해충에 독작용을 하는 제형
정제(錠劑)	분제나 수화제와 같은 농약을 일정한 크기의 알약과 같이 만든 것
기타	연무제, 도포제, 훈연제, 캡슐제, 현탁제, 미탁제, 분산성액제, 입상수화제 등

(2) 농약의 사용방법

1) 살포액의 조제

살포액을 잘못 조제하면 농약의 성질에 영향을 주어 약해가 일어나거나 약효가 저하될 수 있으므로 다음 사항을 고려해야 한다.

① 희석용수의 선택 : 오염된 물을 농약의 희석용수로 사용하면 농약 주성분의 분해가 촉진되어 효과가 떨어지거나 오염물질과 농약이 반응하여 유해한 물질이 생산될 수 있으므로 중성의 용수를 희석용수로 사용하도록 한다.
② 정해진 희석 배수 준수 : 희석배수는 농약의 효과 및 약해에 직접적인 관계가 있으므로 준수하여야 한다.

③ 충분한 혼합 : 물에 녹지 않는 유제 또는 수화제와 같은 농약은 약제의 입자가 균일하게 잘 섞이도록 충분히 혼합해주어야 한다.

2) 살포액 조제방법

살포액을 조제할 때는 여러 가지 조제방법이 있으나 약제의 중량(重量)으로 계산하여 조제하는 것이 원칙이다.

① 배액 조제법 : 배액은 용량(容量) 배수를 나타내는 것으로, 정해진 물의 양에 첨가할 약제의 양을 계산하여 조제한다.
② 퍼센트액 조제법 : 일반적으로 사용되지 않으나, 실험할 경우 사용되기도 하며 조제 시에는 액제에 함유된 유효성분의 백분율을 나타내는 것이다.
③ 피피엠(ppm)액 제조법 : 주로 실험실에서 조제할 때 사용한다.

소요농약량(mL, g) = 단위면적당 소정농약살포액량(mL) / 희석배수

3) 제형별 살포액 조제방법

① 액제, 수용제 : 약제가 수용성이므로 완전히 녹여 조제한다.

> 소요농약량 (mL, g)
> = 추천농도(%)×단위면적당 소정살포량(mL) / 농약 주성분 농도(%)×비중
> = 추천농도(ppm)×소정살포액량(mL)×비중 / 1,000,000×100 / 농약의 농도

② 유제 : 약제와 동일한 양의 물을 넣어 혼합한 후 희석에 필요한 양의 물을 부어 제조하는 방법과 처음부터 필요한 양의 물에 약제를 조금씩 혼합하여 조제하는 방법이 있다.
③ 수화제, 액상 수화제 : 약제를 소량의 물에 넣어 혼합한 다음 필요한 양의 물을 전부 넣어 조제하는 방법이다.
④ 전착제의 첨가 : 전착제를 유제 농약 조제방법으로 조제한 후 살포액에 첨가하여 혼합한다.

4) 농약의 혼용

농약을 혼용할 때는 설명서를 잘 읽어 다른 약제와 혼용하여도 문제가 없을 경우에 사용하도록 한다. 약해가 잘 일어나는 약제는 설명서의 주의사항에 표기되어 있

다. 공인된 '농약혼용가부표'를 확인하고 혼용이 가능한 약제를 선택하는 것이 안전하다.

5) 적용방법

- **분무법** : 유제, 수화제, 수용제 등 약제를 물에 희석하여 분무기로 살포하는 방법이다.
- **분제살포법** : 송풍기를 이용하여 분제를 살포하는 방법이다. 약제 조제와 물이 필요하지 않으므로 작업이 간편하다. 바람 부는 날에는 사용할 수 없다.
- **입제살포법** : 다른 약제에 비해 살포가 간편하다. 넓은 면적에 사용할 때는 입제 살포기 또는 헬리콥터를 이용한다.
- **미스트법** : 원심식 송풍기에 의해 살포하는 방법이다. 30~60mesh 미립자로 살포한다.
- **연무법** : 약제의 주성분을 연기 형태로 살포하는 방법이다.
- **훈증법** : 밀폐된 곳에서 약제를 가스화시켜 사용하는 방법이다.
- **관주법** : 땅속에 약액을 주입하는 방법이다.
- **토양처리법** : 토양의 표면 또는 속에 살포하는 방법이다.
- **침지법** : 종자를 소독하는 방법으로 희석액에 종자를 담가 병해충을 방제하는 방법이다.
- **분의법** : 분제로 된 약제를 종자에 피복시켜 방제하는 방법이다.
- **도포법** : 나무줄기에 환상으로 약액을 처리하는 방법 및 가지 절단면이나 상처 부위에 병균의 침입을 막도록 약제를 처리하는 방법이다.
- **나무주입법** : 나무줄기에 침투이행성이 높은 약제를 넣어 해충을 방제하는 방법이다.

6) 농약 사용 시 주의사항

- **기상과의 관계** : 날씨 좋은 날에 살포하여야 빨리 고착된다. 비가 오거나 가뭄이 계속되는 경우는 약해가 나타나기 쉽고, 바람이 부는 날은 살포한 약제가 날아가기 쉬우므로 주의한다.

- 혼용할 수 없는 농약 : 대부분의 농약은 다른 농약과 혼용하면 약해가 일어나거나 분해되어 효력이 없어질 수 있으므로 주의한다.
- 식물에 대한 약해 : 식물의 종류 및 품종, 생육상태, 기상 조건에 따라 약해가 발생할 수 있다.
- 농약에 대한 해충의 저항성 : 같은 농약을 반복적으로 사용하면 해충에 저항성이 생겨 살충력이 저하된다.
- 천적과 방화 곤충 : 천적과 방화 곤충이 활동하는 지역과 시기에는 농약 살포를 피하거나 주의해서 사용한다.

※ 방화곤충 (訪花昆蟲, flower visiting insect)
- 곤충에 의해 화분이 운반되어 수분에 도움을 받는 꽃을 충매화라고 하며 화분을 운반하는 벌이나 나비와 같은 곤충을 방화곤충, 매개곤충이라 함
- 방화곤충으로는 꿀벌, 꽃등에, 벌목, 나비목, 파리, 딱정벌레 등이 알려져 있음

05 | 친환경적 방제

(1) 생물적 방제

천적을 이용하여 해충의 밀도를 억제한다.

1) 천적의 조건
- 단일 해충만을 숙주로 하는 단식성일 것
- 숙주의 생활사와 일치할 것
- 숙주의 암컷을 공격할 것
- 환경적응력이 강할 것
- 분산력이 강할 것
- 증식력이 클 것

2) 천적의 종류
   ① 포충성 척추동물 : 어류, 양서류, 파충류, 포유류, 조류 등
   ② 포충성 절지동물 : 응애류, 진드기류, 거미류

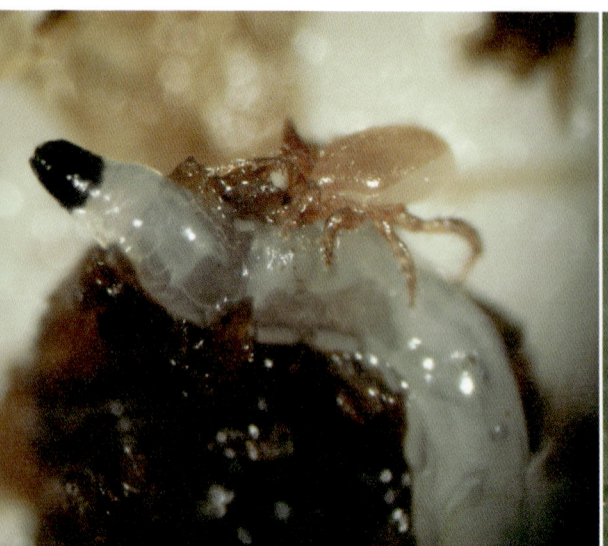

- 천적명 : 아큐레이퍼 응애
- 해충명 : 작은뿌리파리, 뿌리응애류,
  총체벌레 번데기, 버섯파리 등

- 천적명 : 긴털이리 응애
- 해충명 : 점박이 응애

- 천적명 : 오이이리 응애
- 해충명 : 총체벌레류

- 천적명 : 칠레이리 응애
- 해충명 : 점박이 응애

③ **포충성 곤충** : 풀잠자리류, 딱정벌레류, 노린재류, 무당벌레류, 먼지벌레류, 개미붙이류 등

- 천적명 : 깍지무당벌레
- 해충명 : 가루깍지벌레류

- 천적명 : 꼬마무당벌레
- 해충명 : 응애

- 천적명 : 무당벌레
- 해충명 : 진딧물류

- 천적명 : 호랑풀잠자리
- 해충명 : 진딧물류

- 천적명 : 갈색반날개
- 해충명 : 작은뿌리파리, 뿌리응애류, 총채벌레번데기, 버섯파리

• 천적명 : 남방애꽃노린재
• 해충명 : 총채벌레류

- 천적명 : 담배장님노린재
- 해충명 : 온실가루이약충

• 천적명 : 미끌애꽃노린재
• 해충명 : 총채벌레 약충

④ 기생 곤충 : 맵시벌류, 수중다리좀벌류, 좀벌류, 알벌류, 침파리류 등

- 천적명 : 담배가루이좀벌
- 해충명 : 담배가루이

- 천적명 : 면충좀벌
- 해충명 : 복숭아혹진딧물, 목화진딧물

- 천적명 : 굴파리좀벌
- 해충명 : 잎굴파리류

- 천적명 : 온실가루이좀벌
- 해충명 : 온실가루이

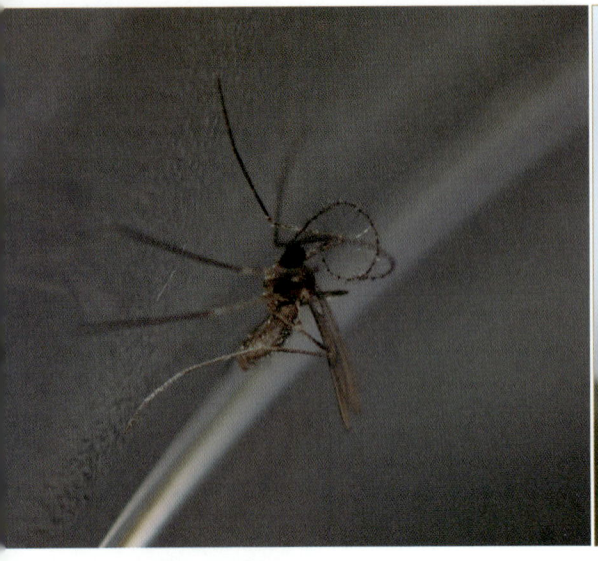

- 천적명 : 진디혹파리
- 해충명 : 진딧물류

- 천적명 : 싸리진디벌
- 해충명 : 복숭아혹진딧물, 목화진딧물

- 천적명 : 쌀좀알벌
- 해충명 : 나방알

⑤ 병원생물 : 원생동물, 세균류, 균류, 바이러스, 선충류

- 천적명 : 곤충병원성 선충
- 해충명 : 나방류, 풍뎅이류 등

- 천적명 : 곤충병원성 선충
- 해충명 : 녹색콩풍뎅이

*자료 : 동부팜세레스

3) 국내 천적 생산업체

① 동부팜세레스 http://www.dongbufarmceres.co.kr

② 한국유용곤충연구소 http://www.kbil.co.kr

③ (주)오상자이엘 http://www.osangjaiel.co.kr

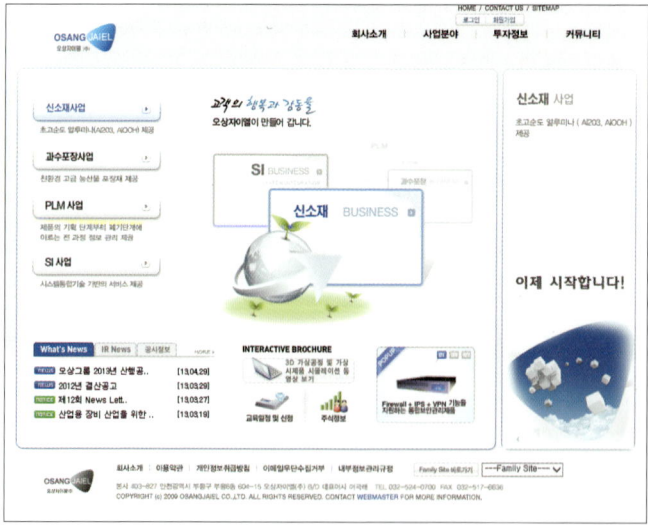

(2) 내충성 이용 방제

해충에 대한 식물의 저항성 강화, 내충성 품종 등을 이용하는 방법이다.

1) 내충성 강화

식물의 생육환경을 개선하여 식물을 건강하게 유지시켜 해충의 발생 및 피해에 대한 내성을 강화시키는 방법이다. 가지치기 등을 통해 밀생한 가지와 잎을 제거하면 통풍 및 일조 조건이 향상되어 병해충의 발생이 감소한다.

2) 내충성 품종 이용

식물의 내충성이란 해충에 대한 식물체의 저항능력을 말한다.

- 선호성(選好性) : 식물의 형태 · 색체 · 화학적 물질에 의해 해충이 기주를 선택하는데 차이를 주는 것
- 항성(抗性) : 해충의 생육속도나 생존율 및 생식력을 약화시키는 것
- 내성(耐性) : 해충에 의해 같은 정도의 피해를 받았을 때 식물의 활력 정도에 따라 피해 정도가 다른 것

(3) 생태적 방제

- 환경조건을 개선하여 해충의 발생 및 피해를 줄이는 방법이다.
- 예방적 성격이 강하므로, 해충의 피해가 발생하면 다른 방법을 함께 이용한다.

1) 식재조건 개선

- 식재환경에 따라 해충의 증식 및 활동 양상에 차이가 발생한다.
- 수종이나 수령이 다양하면 해충 발생을 줄일 수 있다.

2) 적정밀도 조절

- 밀도가 높으면 피압목(被壓木)이나 수세가 쇠약한 나무가 발생하며, 이는 해충을 유인하게 된다.
- 적정밀도 유지, 생육공간 확보, 불량목 제거, 전정, 비배관리 등으로 환경조건을 개선시켜 해충 발생을 방지한다.

(4) 친환경 농약 방제

친환경재료를 이용한 농약으로 해충의 피해를 줄이는 방법이다.

1) 설탕

약간의 끈기만 있어도 효과가 있으므로 물에 희석하여 사용한다. 애벌레와 진딧물에 효과가 있다.

2) 우유

원액을 써도 좋으나 10배 정도로 희석하여 사용. 애벌레와 진딧물에 효과가 있다.

3) 물엿

물엿을 물에 희석하여 잎의 뒷면에 분무한다. 진딧물에 효과가 있다.

4) 고추씨

고추씨를 95% 에틸알콜에 1주일간 침지시킨 후 200배 희석하여 사용한다.

5) 은행잎
푸른 은행잎을 물을 넣고 끓여 희석한 후 사용한다.

6) 담배꽁초
사용하기 전날 밤 물에 담가놓았다가 희석하여 사용한다.

7) 난황유
식용유와 계란 노른자 또는 마요네즈를 혼합하여 제조. 흰가루병, 응애, 노균병에 효과가 있다.

- 일반제조법 : 물 20L, 식용유 60mL, 계란노른자 1개를 잘 섞어서 사용한다.
- 마요네즈 난황유 제조법 : 물 2L에 마요네즈 13g을 잘 섞어서 사용한다. 살포는 5~7일 간격으로 한다.

8) 목초액
강한 초산이라 살충·살균 효과가 뛰어나며, 거름 효과도 있다.

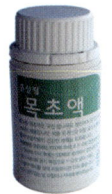

9) 식초
100배액으로 희석하여 사용한다.

10) 시판 제품

① 청달래

- 특징 : 유기농업용 미생물 살충제, 엽면살포제
- 사용작물 : 원예작물, 과수작물, 수도작
- 사용시기 : 피해 발생 예상시기(초기) 아침이나 저녁 무렵
- 사용방법 : 충분히 흔들어 500배액을 5~7일 간격, 밀도 높으면 250배액을 3일 간격으로 2회 연속, 작물에 골고루 묻도록 엽면살포

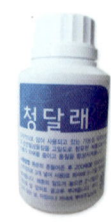

② 진달래

- 특징 : 활성물질이 강화된 기능성 미생물 제제
  약해 없고, 자연분해 빠름. 엽면살포제
- 사용작물 : 원예작물, 과수작물, 수도작
- 사용시기 : 피해 발생 예상 시기(초기) 아침이나 저녁 무렵
- 사용방법 : 충분히 흔들어 500배액은 5~7일 간격, 밀도가 높으면 250배액을 3일 간격으로 2회 연속, 작물에 골고루 묻도록 엽면살포

③ 바이오 님비누

- 특징 : 친환경 곤충기피제, 님(NEEM)의 추출성분으로 비누화한 제제 껍질이 연약한 진딧물, 응애 등의 벌레 관리에 효과적임
- 사용방법
  - 민감한 작물 : 200배액(물 1말에 100cc) 엽면살포, 1주 간격으로 2~3회 이상 살포
  - 강한 작물 : 100배액(물 1말에 200cc) 엽면살포, 1주 간격으로 2회 이상 살포

④ 잎살림

- 특징
  - 천연지방산을 활용한 액상비누
  - 진딧물, 응애 등 표피가 연약한 해충에 이용

- 사용방법
  - 생육 초기, 어린잎, 싹 : 200배액으로 3~4일 간격 2회 이상 살포
  - 잎이 두꺼워지면 100배액까지 농도를 높임(물 20L에 100cc)
  - 천연 전착제로 이용 : 1,000배액으로 사용(물 20L에 20cc)
  - 물 500L당 소주 1.8L를 첨가하면 효과 증대

⑤ 목초액

- 특징
  - 참나무로 생산한 친환경 제품
  - 천연유기산으로 생육을 돕고, 비료 및 약품의 용해도를 높임
- 사용방법
  - 엽면살포 : 평소 700배액, 예방 500배액, 살균 100~300배액
  - 관주 : 300평당 1L(500배 희석)
  - 일반재배 : 25말당 1L 사용

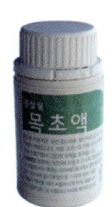

⑥ 키토산

- 특징
  - 키토산 원료를 사용하여 작물에 빠르게 흡수되어 생육을 촉진시킴
  - 작물에 유익한 토양방선균을 증식시킴
  - 염류와 중금속을 흡착

- 사용방법
  - 토양 건전화 : 100평당 1L를 10일 간격으로 관주
  - 엽채류, 과채류 내병성 증진, 상품성 향상: 500배액 희석하여 1주 간격으로 1~2회 살포

    ＊자료 : 흙살림(www.heuk.or.kr)

⑦ 네마스탑 골드
- 특징
  - 토양에서 분리한 미생물 제제
  - 뿌리혹선충, 기타 토양식물 시생 선충이 발생하는 작물에 사용
  - 토양 병원균과 유해충을 저해 및 억제. 식물내병성 향상

- 사용방법
  - 예방 목적인 경우 : 1,000~1,300㎡ 당 10L
  - 피해가 심한 경우 : 330~660㎡ 당 10L

⑧ 참청
- 특징
  - 천연식물 및 한약재 추출물로 구성된 기능성 복합제
  - 배추흰나비, 배추좀나방, 담배거세미나방, 담배나방, 파밤나방, 혹명나방, 이화명나방, 멸강나방, 벼애나방 방제에 사용
- 사용방법 : 600~800배 희석액 엽면살포

⑨ 참진
- 특징
  - 한약제에서 추출한 천연 복합추출물
  - 진딧물, 온실가루이, 총채벌레, 응애류 등에 사용
- 사용방법 : 600~800배 희석액 엽면살포

⑩ 참빛
- 특징

  식물 에센셜 오일로 만든 식물보조제. 식물 내성 증진 잿빛곰팡이병에 사용
- 사용방법 : 1,600배 희석액 엽면살포

⑪ 참가루
- 특징
  - 식물추출물과 천연침투제를 혼합한 기능성 식물보조제. 식물 내성 증진
  - 흰가루병에 사용
- 사용방법 : 1,600배 희석액 엽면살포

  *자료 : 에코윈(www.eco-win.kr)

⑫ 콘트라엑스투
- 특징
  - 해충관리용 유기농 자재, 농촌진흥청 친환경유기농자재 공시등록제품
  - 진딧물, 응애, 배추흰나비, 배추좀나방, 온실가루이, 잎말이나방류
- 사용방법 : 2,000배 희석액을 3~4일 간격으로 2~3회 살포

⑬ 미코스브이
- 특징
  - 병해관리용 유기농 자재, 농촌진흥청 친환경유기농자재 공시등록제품
  - 역병, 흰가루병, 노균병, 적성병, 잿빛곰팡이병
- 사용방법 : 2,000배 희석액을 3~4일 간격으로 2~3회 살포

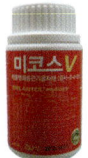

  *자료 : (주)제이케이그린(www.kjgreen.co.kr)

정원관리매뉴얼

Plants Management

제8장
비전염성 병관리

01 | 개요

- 비전염성 병이란 극단적인 온도, 부적합한 생육환경과 같은 비생물적 요인에 의하여 일어나는 것을 말한다.
- 비전염성 병은 피해 장소의 모든 나무에 비슷한 병징이 나타나며, 병징이 하루 이틀 사이에 급속히 나타나는 경우가 많다.
- 비전염성 병에 의해 피해를 입은 수목은 해충이나 병원균에 의한 전염성 병에 더 취약해진다.

02 | 수목 피해 진단방법

(1) 피해수목 파악

- 피해수목의 수종을 파악한다.
- 정상적인 나무의 형태, 생장속도, 잎의 크기, 잎의 생장과 비교하여 피해수목의 비정상적인 생장특성을 파악한다.

(2) 피해수목 병징 관찰

- 수관 전체에 피해가 나타나고 있는가, 수관의 일부 가지에만 피해가 나타나고 있는가?
- 가지나 줄기, 수간에 피해가 있는가?
- 피해가 한 수목에 국한되어 있는가, 여러 수목에 함께 나타났는가?

부위	주요 병징	부위 혹은 세부 병징	피해원인
잎	시들음	잎 전체	• 뿌리 손실 : 뿌리썩음병, 물리적 상처, 토양의 통기성 불량(과습, 복토, 답압), 곤충(바구미, 굼벵이) • 뿌리에서 줄기로 수분 이동 방해 : 수병(줄기마름병, 시들음병, 재선충), 천공충, 수간에 상처, 동물 피해 • 수분부족 : 관수 부족, 불투수성 토양(소수성 토양, 답압), 토양의 낮은 보수력(얕은 토심, 모래 토양) • 수분 요구도가 높은 환경 : 고온, 건조한 공기, 심한 바람, 지구 온난화, 동계 이상고온(상록수의 경우)

부위	주요 병징	부위 혹은 세부 병징	피해원인
잎	괴사	잎 가장자리	• 토양독성 : 높은 염분 함량, 높은 붕소 함량, 제초제 • 심한 철분 결핍 • 전염병(세균)
		큰 반점	수분부족, 과다한 햇볕(엽소), 탄저병
		주근깨 같은 작은 반점	세균성 병, 깍지벌레, 제초제
		엽맥 사이 조직	대기오염, 제초제, 심한 망간 결핍
		잎 전체	수분부족, 탄저병, 제초제, 서리 피해, 동해, 동계건조, 동계 이상고온
	황화	잎 전체	질소 결핍, 뿌리 손상, 토양 염분에 의한 가벼운 피해, 수간과 뿌리에 환상의 상처, 가스 유출
		엽맥 사이 조직	미량원소 부족(철, 망간), 기생성 뿌리병(선충), 제초제
		얼룩 반점, 모자이크	아연 결핍, 바이러스 병(느릅나무, 포플러 모자이크), 제초제
		엽맥 백화현상	바이러스(느릅나무모자이크병), 제초제
		점각, 주근깨 같은 반점	흡즙성 해충(응애, 진딧물, 매미충, 노린재, 방패벌레, 총채벌레), 대기오염
		은색화	흡즙성 해충(응애, 총채벌레), 대기오염
		백색화	제초제, 철 결핍, 뿌리기생병(뿌리썩음병)
	헤어진 잎		식엽성 해충(딱정벌레, 나방 유충), 기상 피해(바람, 우박)
	구멍난 잎	규칙적 및 불규칙적 구멍	곤충(딱정벌레, 나방 유충), 전염병(구멍병)
	기형잎	떡 같은 조각	전염병(떡병)
		뒤틀린 잎	곤충(진딧물, 잎말이나방), 전염병(오갈병), 제초제
		말린 잎	곤충(잎혹파리)
	새로운 조직 형성	혹 같은 조직	곤충(진딧물, 혹응애, 혹벌, 나무이, 혹파리)
	잎에 굴 형성		곤충(잎벌, 굴나방)
	갑작스런 낙엽		심한 수분부족, 전염성 병, 제초제
	개엽 지연	발아 지연	겨울 가뭄, 부족한 저온 노출, 곤충(진딧물), 전염병(탄저병)

부위	주요 병징	부위 혹은 세부 병징	피해원인
새 가지	시듦과 고사		수분부족, 곤충(천공성, 가지환상박피곤충, 진딧물), 세균성 가지마름병, 서리 피해
	비틀림		곤충(혹파리, 진딧물), 전염병, 바이러스, 제초제, 대화현상
	빗자루 모양	가는 가지로 갈라짐	전염병(흰가루병, 빗자루병), 곤충(응애), 겨우살이, 세포돌연변이, 제초제
가지 수간	가지 끝부터 점진적 고사		전염병(가지마름병), 토양의 통기성 불량(복토, 심식, 과습, 배수불량, 침수)
	움푹 들어가거나 변색된 수피		전염병(부란병), 피소
	불규칙한 부패		천공충의 반복적 가해(유리나방)
	가지와 수간에 유상조직 형성		물리적 손상, 가지마름병, 수피의 피소, 천공성 곤충의 반복적 침입, 동해
	혹 형성		전염성 병(혹병, 줄기녹병), 곤충(사과나무 혹), 겨우살이, 외부 상처, 많은 눈이 모여 있음(나무 옹두리)
	수피가 벗겨짐		곤충(천공충, 나무좀), 전염병(줄기녹병, 잣나무 가지마름병), 피소, 스프링클러 피해, 낮은 수목 활력, 낙뢰
	나무진이 흘러나옴		세균성 병, 전염병(녹병), 곤충(천공충, 나무좀), 수분부족
	수피에 구멍 형성		곤충(천공충, 나무좀), 딱따구리 피해
	부풀어오름	접목부위	접목불화합성(대승, 대부현상)
		환상조임	휘감는 철사, 밑동을 휘감는 뿌리
		밑동 부분	영지버섯류, 말굽버섯류
	균열		제초제, 동해(상열), 속성 생장 균열, 하중을 견디지 못함, 낙뢰
	버섯 발생		목재부후균(뽕나무버섯, 영지버섯, 진흙버섯류)
뿌리	오그라듦		수분부족, 토양의 높은 염분 함량, 제초제
	변색		전염성 병, 토양의 통기 불량(침수, 배수불량, 높은 지하수위, 과다 관수), 뿌리 위 복토, 답압
	뒤틀림		제초제, 선충, 균근, 곤충(뿌리 진딧물)
	혹 형성	작은 혹이 많음	콩과식물의 뿌리혹박테리아, 뿌리혹 선충, 곤충(사과면충)
	뿌리 조직의 붕괴	가는 뿌리의 부후	과습, 배수불량, 침수, 복토
		굵은 뿌리	뽕나무 뿌리썩음병, Rhizina 뿌리썩음병

부위	주요 병징	부위 혹은 세부 병징	피해원인
수관 전체	수관 전체의 시들음		• 수분부족(여름철 극심한 수분부족, 동계건조, 겨울철 이상고온에 의한 상록수 시들음) • 전염성 병(소나무 재선충병), 참나무 시들음병

* 자료 : 조경수 병해충 도감(2009), p466.

(3) 수목 생육장소 관찰
- 수목은 생육장소의 환경상태에 따라 영향을 받는다.
- 햇빛, 토양상태, 기상조건, 주변 나무와의 관계 등을 파악한다.

환경조건	조사항목
식재위치	• 수목이 식재되어 있는 위치 관찰 - 도로변, 정원, 공원, 주차장, 비탈길 등
식재간격	• 밀식에 의해 수목 간 양분과 수분이 경합하는가? 그늘이 생겼는가?
장애물	• 수목 주변에 지장물이 있어 수목의 생육을 제한하고 있는가? - 건물, 지하매설물, 도로 등
기상	• 수목이 식재되어 있는 곳의 기상 관찰 - 바람, 온도, 그늘 등
대기오염	• 대기오염물질이 정상적인 농도 이상인가?
토 양	• 토양의 배수가 잘 되는가? 토양의 답압 정도는 어떠한가? • 복토되었는가? 포장되었는가?

03 | 비전염성 병의 종류

원인 분류	내용
기상적 요인	고온, 저온, 풍해, 해풍, 설해, 일조량 부족, 낙뢰
토양적 요인	건조, 과습, 양분 결핍
생물적 요인	만경식물, 동물
인위적 요인	답압, 심식, 휘감는 뿌리, 제한된 뿌리, 복토와 석축, 절토, 대기오염, 농약과 비료, 전정, 해빙염, 유해가스, 세척제, 불, 접목불화합성

(1) 기상적 요인

1) 고온

① 엽소
- 고온에 의해 잎의 가장자리부터 갈색으로 마르는 현상으로 원인은 여름철 지표면의 고열, 건물의 반사열, 환풍기의 뜨거운 바람 등이다.
- 방제방법 : 통풍 개선, 지면에 잔디 또는 유기물 멀칭, 건물 남향 쪽에는 고산성 수종을 식재한다.

② 피소
- 수피가 여름철 열에 의해 피해를 받아 줄기의 형성층 조직이 벗겨지고 그 속의 목질부가 노출되는 현상이다.

2) 저온

① 냉해
- 식물의 생육기간 중 봄과 가을에 저온에 노출되어 나타나는 피해현상이다. 온대지방에서는 주로 생식 생장에 영향을 주므로, 조경수는 피해가 적고 생장이 둔화될 뿐이다.

② 서릿발
- 겨울철 아침에 서리가 내리면서 토양 표면의 흙이 부풀어 오르는 현상이다. 어린 묘목이 서릿발에 노출되면 고사하는 경우가 있다.

③ 동해
- 겨울철 온도가 낮아 식물이 피해를 받는 현상이다. 상록활엽수의 경우 잎이 탈색되며 투명해지다가 고사하면 갈변한다.
- 방제방법 : 식물의 내한성을 고려하여 식재한다. 울타리를 설치하고 짚으로 밑동과 수간을 싸준다. 노출된 토양은 유기질 재료로 멀칭한다.

④ 상열과 동계피소
- 상열은 겨울철 밤에 식물의 수액이 얼어서 부피가 늘어나 수간의 바깥쪽이 안쪽보다 심하게 수축하여 수피가 세로방향으로 갈라지는 현상이다. 동계피소는 겨울철 저온으로 수피가 어는 현상이다.
- 방제방법 : 수간을 녹화마대로 싸거나 흰색 페인트를 칠해준다.

⑤ 동계건조
- 이른 봄 상록수가 과다한 증산작용으로 고사하는 현상이다. 피해가 바로 나타나지는 않으며 토양이 해빙된 후 수관 전체가 갈변하고 잎이 처지며 고사한다
- 방제방법 : 방풍림을 설치하고, 배수상태를 개선한다. 증산억제제를 살포한다.

3) 풍해

- 바람에 의한 식물의 물리적·생리적 피해를 말하며, 가지가 부러지거나 잎이 손상을 받고, 심하면 뿌리가 뽑혀 넘어진다. 인장강도가 약한 침엽수 및 천근성 수목의 피해가 크다.
- 방제방법 : 심근성 수목을 식재하고, 가지치기를 하여 통풍 조건을 개선한다. 수관이 작을수록 피해를 줄일 수 있다.

4) 해풍

- 염분을 함유한 해풍에 의한 피해를 말한다. 해풍을 맞으면 염분 결정이 기공을 막아 호흡 및 생리작용을 저해한다. 잎의 가장자리가 타들어가며 갈색 반점이 생성된다.
- 방제방법 : 내염성 수종을 식재한다. 피해를 받은 잎은 물로 세척해준다. 토양의 염분은 물로 충분히 세척하고 건조시킨 후 숯가루를 넣어 염분을 흡착시킨다.

5) 설해

- 겨울철 많은 눈이 수목의 가지에 쌓여서 생기는 피해와 눈사태로 수목이 매몰되는 피해가 있다. 피해를 받은 가지는 부러지고, 나무는 쓰러질 수 있다.
- 방제방법 : 가지치기를 통하여 수관이 과밀하지 않도록 하고, 가지 위에 쌓인 눈은 제거한다.

6) 일조량 부족

- 일조량 부족 시 수목의 절간생장이 촉진되어 웃자라게 되며 줄기가 약하여 바람에 잘 넘어진다. 엽량이 적고, 수관이 엉성해진다.
- 방제방법 : 일조량이 부족한 곳에는 음수를 식재한다.

(2) 토양적 조건

1) 건조

- 과다한 증산작용에 의하여 수분을 잃으면 수분부족현상이 나타난다. 토양의 수분상태가 좋으면 밤 동안에 회복될 수 있다. 활엽수는 시들음 현상이 나타나고, 침엽수는 피해 초기에는 파악하기 어려우므로 주의해야 한다. 피해현상이 나타나면 회복이 어렵고, 이식목에서 주로 나타난다.
- 방제방법 : 토양이 건조하지 않게 관수를 충분히 하여야 하며, 점적관수를 이용하면 좋다.

2) 과습

- 식물의 뿌리도 호흡을 하여야 하는데 토양에 수분이 많으면 제 기능을 못한다. 침엽수보다 활엽수에서 피해가 크다. 피해를 받은 잎은 황화현상이 나타나고 생장이 둔화된다. 심하면 고사한다.
- 방제방법 : 토양이 침수되면 바로 배수시킨다.

3) 극단적인 토양산도

- 토양산도가 극단적으로 치우치면 무기양분 흡수가 저하된다. 토양 미생물 활동이 저하되고, 중금속의 독성 피해와 양분결핍 증상이 나타난다. 잎에 황화현상 및 고사, 가지마름 현상이 나타난다.
- 방제방법 : pH를 조절해준다. 산성 토양에는 석회석, 생석회, 소석회, 백운석 등을 섞어주고, 알칼리성 토양에는 황산알루미늄, 황 등을 사용한다.

4) 중금속

- 토양에 중금속이 과다하게 존재하면 피해가 발생한다. 식물의 모든 부위에 피해증상이 나타난다. 피해 증상으로는 잎의 반점 생성, 황화현상, 뒤틀림, 괴사, 조기낙엽, 엽량 및 엽면적 감소, 줄기 및 뿌리 생장 억제, 수목의 생장 악화 등이 나타난다.
- 방제방법 : 오염된 토양은 제거하고 깨끗한 흙으로 객토 후 식재한다. 활성탄으로 중금속을 흡착시키고 중금속에 강한 식물을 식재한다.

(3) 생물적 요인

1) 만경식물

- 만경식물은 수목을 감고 올라가 수관을 덮어 햇빛을 차단하여 광합성 작용을 저해하고, 줄기를 감아 물과 양분의 이동을 방해한다. 환삼덩굴, 담쟁이덩굴, 칡, 다래에 의한 피해가 크다.
- 방제방법 : 수목에 피해를 주는 만경식물을 제거한다.

2) 동물

- 다양한 동물들이 수목의 뿌리, 줄기, 잎에 물리적 손상을 주어 피해를 받는다.
- 방제방법 : 나무에 동물이 접근하지 못하도록 보호대나 울타리를 설치한다.

(4) 인위적 요인

1) 답압
- 답압은 사람이나 기계 및 장비 등에 의해 표토에 압력이 가해져 발생하는 토양 고결현상을 말한다. 답압이 발생하면 토양 속 공극이 줄어들어 산소 및 수분이 부족해지며 뿌리생장이 저해된다.
- 방제방법 : 토양 멀칭, 천공법을 이용하고, 도랑을 설치한다.

2) 심식(deep planting)
- 심식은 수목을 이식할 때 기존에 심겨 있던 깊이보다 더 깊게 심겨지는 것을 말한다. 깊이 묻힌 정도에 따라 피해도 비례하여 나타나며, 뿌리의 호흡이 방해되고 생장이 저해된다.
- 방제방법 : 표토를 제거하여 기존에 식재되었던 높이로 맞춰주고 배수처리 해준다.

3) 제한된 뿌리
- 제한된 뿌리는 주로 가로수로 심겨진 수목이 식수대 속에 갇혀 자라기 때문에 뿌리가 정상적으로 발달하지 못하고 기형적으로 자라는 것으로, 수목의 생장을 억제한다.
- 방제방법 : 식수대를 제거하고 뿌리가 자랄 수 있는 공간을 확보해준다.

4) 휘감는 뿌리
- 휘감는 뿌리는 묘목을 컨테이너 용기에서 생산할 때 뿌리가 퍼져나가지 못하고 용기 안쪽으로 맴돌며 자라서 발생한다. 휘감는 뿌리가 시간이 지나 굵어지면 수분과 양분 이동이 저해된다.
- 방제방법 : 휘감는 뿌리는 식재 전에 제거한다.

5) 복토와 석축
- 복토는 식재된 수목 위에 흙을 15~20cm 이상 덮는 것을 말하며, 뿌리호흡이 방해되고 심식에 의한 피해와 동일한 증상이 나타난다.
- 방제방법 : 복토를 20cm 이상은 하지 말아야 한다. 복토된 흙은 제거하고 배수처리 해준다.

6) 절토
- 절토는 수목이 식재된 곳의 토양을 걷어 내거나 지형을 수직으로 깎아 내리는 것을 말한다. 절토에 의해 뿌리가 손상되면 수목에 피해가 나타난다.
- 방제방법 : 절토를 할 경우에는 최소한 수관 폭의 2/3만큼 원형으로 남겨놓도록 하고, 절토된 곳에는 석축을 쌓아 흙이 유실되지 않도록 한다.

7) 대기오염
- 대기오염은 대기 중의 물질이 정상 농도 이상일 경우를 말한다. 대표적 대기오염물질은 오존과 질소산화물이다. 대기오염에 의한 피해증상은 잎에서 먼저 나타나며 황화현상, 반점 생성, 괴사, 백화현상, 조기낙엽 등이 있다.
- 방제방법 : 대기오염에 강한 내공해성 수종을 식재한다. 피해를 받은 수목은 물로 세척하고, 생장억제제를 살포한다.

8) 농약과 비료

- 농약과 비료에 의해 다양한 약해가 발생하기도 한다. 피해를 받은 수목은 잎이 말리거나 변색, 황화, 반점 생성, 괴사, 고사 등의 증세가 나타난다.
- 방제방법 : 토양에 활성탄을 넣어 농약을 흡착시키고, 적절히 관수한다.

9) 전정

- 전정을 적절히 하지 못한 경우에는 전정부위가 부패할 수 있다.
- 방제방법 : 올바른 전정을 실시하고, 전정 후에는 절단면에 상처도포제를 발라준다.

10) 해빙염

- 겨울철 도시의 도로가 눈에 의해 결빙되는 것을 막기 위하여 해빙염을 사용하는데, 도로변 수목에 피해가 발생한다. 침엽수는 잎이 갈변하고 낙엽 지며, 낙엽수는 그 피해가 한참 뒤에 나타난다.
- 방제방법 : 해빙염 사용 시 주변 수목이 식재된 토양 위에는 비닐을 덮어준다. 도로변에는 내염성 수종을 식재하고, 상록수에는 증산억제제를 살포한다.

11) 유해가스

- 쓰레기 매립지, 도시가스 배관지역, 배수 불량지역 등 토양 속 가스 발생에 의한 피해 및 하수구 맨홀, 공업단지에 의한 지상부 가스 발생에 의한 피해로 구분 가능하다. 메탄가스와 이산화탄소의 피해가 가장 많다. 피해증상으로는 뿌

리발달 저해, 생장불량, 잎의 갈변, 고사 증상이 있다.
- 방제방법 : 매립지의 경우에는 배기파이프를 매설하여 유해가스를 밖으로 배출시키고, 저항성 수종을 식재한다.

12) 세척제
- 빌딩 외벽 및 유리창 청소에 사용되는 세척제 및 세탁기 배출 오수에 의해 피해가 발생한다. 산성 세척제가 잎에 닿으면 갈변 후 고사한다.
- 방제방법 : 청소 시에는 중성세제를 사용하고, 세척제가 닿은 부위는 물로 세척한다.

13) 접목불화합성
- 접목과 대목 간에 생리적으로 문제가 생긴 경우 발생한다. 생장속도가 맞지 않아 한쪽이 다른 쪽보다 비대해진다.
- 방제방법 : 접수와 대목의 수종을 맞춘다.

Plants Management

제9장
잔디관리

01 | 개요

- 잔디는 화본과의 다년생 초본으로서 재생력이 강하고 관상가치가 높아 정원과 공원, 각종 운동경기장에 널리 이용되는 지피식물이다.
- 잔디는 토양 보호, 대기 정화, 쾌적한 녹색 환경 및 레크리에이션 공간 제공 등 다양한 기능을 가지고 있으며, 정원과 공원, 각종 운동경기장에 널리 이용되고 있다.
- 잔디의 적합한 유지 관리를 위하여 잔디에 관한 기초지식, 관수, 시비, 제초, 깎기, 병충해 방제가 필요하다.

02 | 잔디의 종류

- 잔디는 생육습성에 따라 난지형 잔디와 한지형 잔디(양잔디 또는 사계절 잔디)로 구분한다.
- 난지형 잔디는 4월 초순부터 생장이 시작되어 여름(6~8월)에 가장 생육이 왕성하며, 10월이 되면 잎의 색깔이 황변하면서 지상부가 생육 정지 상태로 휴면기에 들어간다.
- 한지형 잔디는 3월 초순부터 생장이 시작되어 5월 초순~6월 하순에 가장 생육이 활발하고, 7~8월 고온기에는 생육속도가 떨어지며, 9~10월이 되면 다시 생장을 계속한다. 연중 녹색을 유지한다.

(1) 잔디의 종류

구분	생육적온	분류	종류
난지형 잔디	25~35℃	한국잔디	들잔디, 금잔디, 비로드잔디, 갯잔디, 왕잔디
		버뮤다그래스	일반 버뮤다그래스, 개량 버뮤다그래스
		버팔로그래스	
		버하이아그래스	
		센티피드그래스	

구분	생육적온	분류	종류
한지형 잔디	15~25℃	훼스큐	광엽훼스큐, 톨훼스큐 터프타입 톨훼스큐 세엽훼스큐, 크리핑훼스큐 츄윙훼스큐, 쉽훼스큐, 하드훼스큐
		라이그래스	페레니얼라이그래스 이탈리안라이그래스
		블루그래스	켄터키블루그래스 러프블루그래스 캐나다블루그래스 애뉴얼블루그래스
		벤트그래스	크리핑벤트그래스 콜로니얼벤트그래스 벨벳벤트그래스, 레드탑

03 | 잔디의 종류별 특성

(1) 들잔디

- 뿌리는 포복경과 지하경이며, 잎의 길이는 5~10cm, 폭 2~5mm임
- 5~6월에 개화하고, 환경적응력이 강함
- 병충해와 답압에 강함
- 양지에서 자람

내음성 약 | 내답압성 강 | 내건성 강 | 내서성 강 | 내한성 중

(2) 금잔디

- 뿌리는 포복경과 지하경이며, 잎의 길이는 4~12cm, 폭 1~4mm임
- 대전 이남에서 자생하고 내한성이 약함
- 들잔디보다 섬세하고 밀도가 높음

[내음성 중] [내답압성 강] [내건성 강] [내서성 강] [내한성 약]

(3) 버뮤다그래스

- 뿌리는 포복경과 지하경임
- 내음성과 내한성이 약하여 대전 이남에서만 생육이 가능함
- 재생력이 강하여 답압에 대한 회복력이 빠름

[내음성 약] [내답압성 강] [내건성 강] [내서성 강] [내한성 약]

(4) 톨훼스큐

- 주형이며, 엽폭이 5~10mm 정도로 비교적 넓어서 거친 느낌을 줌
- 병충해에 강함
- 대륙성 기후에 적합한 한지형 잔디로 더위에 강함
- 거칠게 사용되는 경기장에 적합함

| 내음성 | 강 | 내답압성 | 강 | 내건성 | 강 | 내서성 | 강 | 내한성 | 중 |

(5) 페레니얼라이그래스

- 주형이며, 엽폭이 2~5mm로서 재질이 부드러움
- 어떤 토양에서도 잘 적응함
- 운동장에 사용하는 잔디밭에 좋음
- 겨울에 온화하고 여름엔 서늘한 지역에 적합함

| 내음성 | 중 | 내답압성 | 강 | 내건성 | 약 | 내서성 | 약 | 내한성 | 약 |

(6) 켄터키블루그래스

- 뿌리는 지하경이며, 엽폭이 2~5mm임
- 번식력이 강하고 밀도가 높으며 회복력이 우수함
- 한지형 잔디 중 가장 많이 이용됨
- 잎은 털이 없고 부드럽고 가늘고 길며 짙은 초록색임
- 국내에서 롤잔디 형태로 생산되어 많이 보급되고 있음
- 여름철 더위나 병충해에 주의가 필요함
- 우리나라 축구장에 가장 많이 이용됨

| 내음성 중 | 내답압성 중 | 내건성 중 | 내서성 약 | 내한성 강 |

(7) 크리핑벤트그래스

- 포복경임
- 엽폭이 2~3mm로 매우 가늘고 치밀하며 고운 잔디 면을 형성함
- 낮은 예고(0.5mm)에 강하고 질감이 부드러워서 골프장 그린에 많이 사용됨
- 병충해에 약함

| 내음성 강 | 내답압성 약 | 내건성 약 | 내서성 중 | 내한성 강 |

04 | 잔디식재

(1) 잔디식재 지반 조성

- 파종할 곳을 20cm 이상의 깊이로 경운하여 잡초와 나무뿌리, 돌 등 이물질을 제거한다.
- 식재지를 평탄하게 고르되 배수가 잘 되도록 경사를 준다.
- 잔디 면적이 넓거나 배수가 불량한 토양은 맹암거를 설치한다.

(2) 종자 파종

① 파종시기
- 난지형 잔디 : 4~5월 하순
- 한지형 잔디 : 9~10월, 3~5월

② 파종량

구분	한국잔디	버뮤다그래스	크리핑 벤트그래스	켄터키 블루그래스	톨훼스큐
파종량	10g/m²	10g/m²	10~14g/m²	18~20g/m²	20g/m²

*상세한 양은 종자 생산회사의 기준을 따른다.

- 파종을 균일하게 하기 위해서 말뚝과 끈을 이용하여 대지를 일정 간격으로 나눈 후 전체 파종량의 반을 가로 방향으로 파종하고 나머지 반을 세로 방향으로 파종한다.

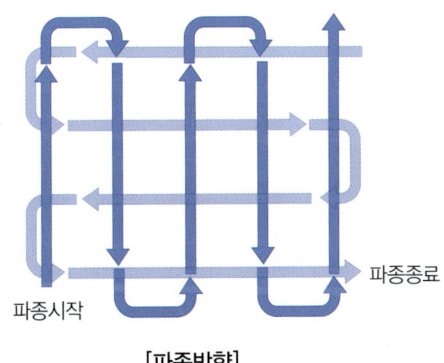

[파종방향]

[파종방법]

- 파종 후 롤러로 가볍게 눌러서 종자가 흙 속에 박히도록 하며 모래로 2~3mm 두께로 덮는다.
- 발아를 위한 적절한 수분과 토양 온도 유지를 위하여 폴리에틸렌 필름(두께 0.03mm)이나 볏짚, 황마천, 차광막 등으로 덮는다.
- 피복면 아래 토양이 젖을 정도로 물을 주되 파종면이 너무 젖어서 흙이 뭉치거나 물길이 나지 않도록 한다.

- 발아할 때까지 2~3주 동안 흙이 젖어 있어야 하므로 1cm 정도 발아될 때까지 매일 물을 준다.
- 종자가 발아하면 자주 관찰하여 웃자라거나 고온장애를 입기 전에 피복재를 걷어낸다.
- 발아 후 2개월이 지났을 때부터 비료를 주되 한국잔디의 경우 연간 순성분량을 기준으로 질소, 인산, 칼륨을 각각 $15g/m^2$, $10g/m^2$, $10g/m^2$의 비율로 생육기간 중 2~3개월 간격으로 시비한다.
- 파종 후 20일 이내에 발아되지 않거나 일부만 발아하는 경우에는 처음과 동일한 방법으로 다시 파종한다.

(3) 잔디떼 붙이기

- 잔디규격
  - 평떼 : 30×30×3cm, 21×21×3cm, 18×18×3cm
  - 줄떼 : 30×15×3cm, 30×10×3cm
- 잔디떼 붙이기는 장소와 계절에 관계없이 빠르게 녹화할 수 있지만 종자 파종보다 비싸다.
- 토양개량과 정지작업이 이루어진 지면을 롤러나 인력으로 다진다.
- 떼를 붙이기 이틀 전에 정지된 땅에 관수를 하여 흙을 가볍게 적시되, 지나치게 적시면 흙이 뭉치고 작업하기 어려우므로 주의한다.
- 잔디 뿌리가 흙 속에 묻히도록 표토를 파면서 붙이되, 평떼는 틈새 없이 붙이고, 줄떼는 10~30cm 사이에서 일정 간격으로 띄워 심는다.
- 잔디를 붙인 후 모래나 사질토를 살포하고 롤러로 다진다.
- 잔디가 활착될 때까지 충분히 관수한다.

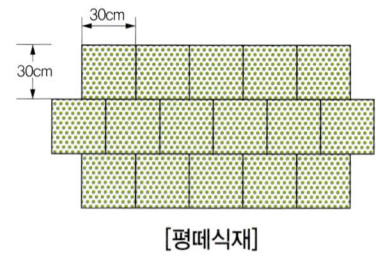

[평떼식재]

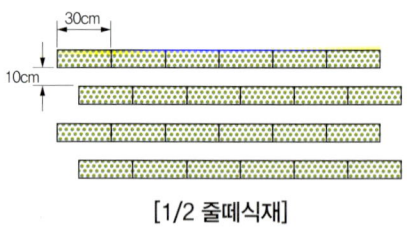

[1/2 줄떼식재]

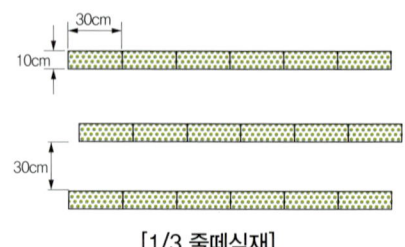

[1/3 줄떼식재]

(4) 롤잔디 붙이기

- 토양개량과 정지작업이 이루어진 지면을 롤러나 인력으로 다진다.
- 롤잔디를 붙이기 이틀 전에 정지된 땅에 관수를 하여 흙을 가볍게 적시되 지나치게 적시면 흙이 뭉치고 작업하기 어려우므로 주의한다.
- 롤잔디를 붙이고자 하는 방향으로 말뚝을 박고 끈을 묶는다.
- 선을 따라 롤잔디를 틈새 없이 붙이고, 모서리의 남는 부분은 절단기로 깨끗하게 자른다.
- 새로 붙인 잔디면을 롤러로 다져 롤잔디가 흙에 밀착되도록 한다.
- 잔디가 활착될 때까지 관수를 충분히 한다.

05 | 관수관리

(1) 관수시기 및 관수량

- 관수의 빈도는 기상조건, 토양조건, 관리요구도 등을 고려하여 정한다(아래 표 참고).
- 관수시각은 되도록 오전 6~9시를 택하되 한여름 고온기에 잔디가 심하게 건조한 경우에는 오후 5~8시 사이에 관수하고, 잦은 관수보다는 1회 관수 시 3~5cm 정도 깊이까지 젖도록 충분히 주어야 한다.

【잔디의 관수관리(회/연간)】

구분	기준	1월	2월	3월	4월	5월	6월	7월	8월	9월	10월	11월	12월	연간
난지형 잔디	3~5cm/회				1	2	2	4	1	2				8
한지형 잔디	3~5cm/회			2	4	6	4	1	1	4	6	2		30

(2) 관수방법

1) 수동식 관수방법
- 호스에 스프링클러 헤드를 부착하여 사용하는 방법으로 저렴한 비용으로 관수할 수 있으며, 소규모 정원에 이용된다.

[노즐이 부착된 호스릴]

[스프링클러 헤드]

2) 자동식 관수방법
- 자동식은 시간제어장치, 원격조정장치 등을 갖추고 있어서 편리하다.
- 자동식 관수장치 사용 시 노즐이 지표면 위로 올라와서 물을 내뿜는 팝업 스프링클러가 주로 사용된다.
- 소규모 정원에서는 수도꼭지에 관수시간을 제어할 수 있는 간이장치를 부착하여 자동식으로 사용할 수 있다.

[간이 관수제어장치]

06 | 잔디 깎기

(1) 잔디 깎기의 효과
- 잔디의 잎과 포복경의 수를 증가시켜 잔디의 밀도를 높인다.
- 잔디면을 고르게 하여 경관을 아름답게 하며, 밑부분의 잎이 말라 죽는 것을 방지한다.
- 잡초와 병충해의 발생을 줄인다.

(2) 잔디 깎는 높이

- 깎는 높이란 토양 표면으로부터 잔디가 잘려지는 부분까지의 높이를 말한다.
- 깎기 작업 전에 미리 칼날을 예리하게 만들어 잔디가 찢기지 않고 깨끗하게 절단될 수 있도록 한다.
- 잔디는 종류에 따라 생장 습성이 다르므로, 깎는 높이도 달라진다.
- 포복형 잔디는 짧게 깎으며, 직립형 잔디는 높게 깎는다.

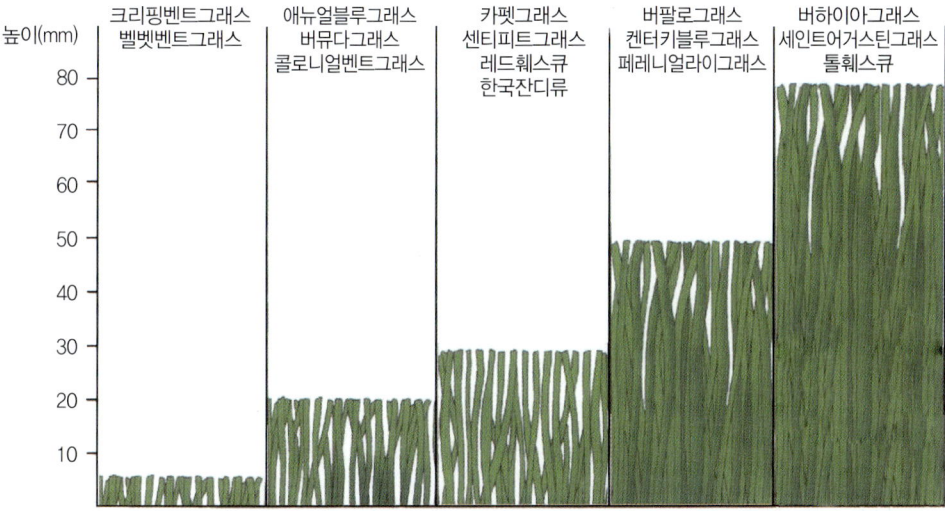

[잔디 종류별 깎는 높이]

(3) 잔디 깎는 시기

- 깎는 시기는 계절, 날씨, 잔디의 종류 및 생장률, 잔디의 사용 목적에 따라 다르다.
- 잔디가 왕성하게 자라는 시기에 조금씩 자주 깎아준다.
- 일반적으로 전체 높이의 30~40% 깎아서 원하는 높이를 유지할 수 있을 때가 좋다.
- 잔디가 젖었을 때와 이슬이 있는 이른 아침에는 깎지 않는다.

(4) 잔디 깎을 때 주의사항

- 잔디를 깎기 전에 주변에 돌이나 나뭇가지 등 이물질을 제거하여 돌이 튕기거나 예초기 날이 부러지지 않도록 한다.
- 안전화, 장갑, 보호안경 등을 착용하고, 손과 발이 예초기 날 가까이 가지 않도록 한다.
- 사용 후에는 깨끗하게 건조시키고, 1년에 한 번 정도 정기 점검을 한다.

(5) 도구

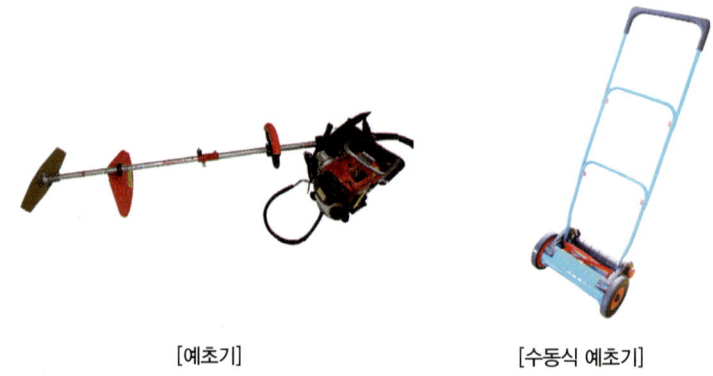

[예초기]   [수동식 예초기]

07 | 시비관리

- 시비의 시기와 양은 잔디의 종류 및 토양의 상태에 따라 다르지만 잔디 잎의 색깔이 옅어지면 비료가 부족한 것으로 판단한다.
- 난지형인 한국잔디의 경우 1년에 2회 봄과 여름에 시비한다.
- 한지형 잔디는 봄과 가을에 시비하되, 여름 휴면기를 제외하면 생장기간이 길어 시비 빈도를 높인다.
- 질소비료는 순성분으로 회당 5g/m^2 정도 내외로 한다.
- 비료량 계산법

예를 들어 사용할 비료의 표시가 10-6-13으로 표기되어 있으면 이것은 비료의 총 무게 중 10%가 질소이며, 인산이 6%, 칼륨이 13%임을 나타낸다. 질소성분을 5g/m^2 시비하고자 할 경우 총 비료량은 다음과 같다.

사용할 비료의 총 무게 = 순성분량 / 10% = 5 / 0.1 = 50g/㎡

【잔디의 시비관리 예시】

구분	기준	1월	2월	3월	4월	5월	6월	7월	8월	9월	10월	11월	12월	연간
난지형 잔디	55㎡/회					1			1					
한지형 잔디	55㎡/회				1	1				1	1			4

- 시비는 입제복합비료(10-6-13) 55g/㎡ 기준으로서, 제초작업 후 비 오기 직전에 시비하고, 불가능할 시에는 시비 후 충분히 관수를 실시하여 비료 피해를 입지 않도록 한다.

08 | 제초관리

- 잡초는 잔디와 빛, 수분, 양분, 생육공간 등을 경합하여 잔디의 생육을 저해하고, 잔디밭의 품질을 떨어뜨린다.
- 잡초를 제거하는 방법은 손이나 포크를 이용하여 뽑아내는 물리적 방법과 제초제를 이용하는 화학적 방법이 있다.
- 물리적 방법은 간단하지만 작업효율이 낮고, 화학적 방법은 비용과 시간을 절약할 수 있으나 약제에 의한 피해가 우려되며, 토양생태계에 영향을 줄 수 있으므로 주의해야 한다.
- 소규모 정원에서는 물리적 방법을 권하지만 필요 시 화학적 방법을 병행할 수 있다.
- 제초제를 이용할 때는 제거하고자 하는 잡초가 일년생인지, 다년생인지, 화본과인지, 광엽잡초인지 등을 파악한 후 적합한 제초제를 선택하여 사용한다.

【잔디에 발생하는 잡초】

구분	일년생잡초		다년생잡초	
	화본과	사초과, 광엽잡초	화본과	사초과, 광엽잡초
봄잡초 (3~4월)	새포아풀, 돌피, 뚝새풀	방동사니, 명아주, 여뀌, 망초, 별꽃, 주름잎		토끼풀, 쑥, 민들레
여름잡초 (5~7월)	바랭이, 강아지풀	닭의장풀, 쇠비름, 깨풀, 중대가리풀, 애기땅빈대, 매듭풀	쥐꼬리새류	올챙이고랭이, 쇠뜨기, 질경이, 쑥부쟁이, 민들레

(1) 제초방법

1) 손, 포크를 이용하여 제거하기

- 잡초의 하부를 잡고 천천히 좌우로 흔들면서 당겨 뽑는다.
- 뿌리가 깊이 있는 잡초는 포크를 사용하여 뽑되, 뿌리가 남지 않도록 한다.
- 잡초 제거 후 구멍을 흙으로 다시 메우고, 훼손된 범위가 넓을 경우 잔디떼를 붙이거나 씨를 뿌린다.

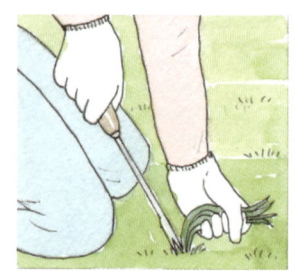

2) 소형 분무기로 제초제 뿌리기

- 잡초가 많지 않을 경우, 특히 민들레처럼 로제트형일 경우나 토끼풀이 소규모로 퍼져 있을 경우에는 소형 분무기에 제초제를 담아서 잡초 위에 뿌린다.

3) 가압식 분무기로 제초제 뿌리기

- 잔디밭 전체에 잡초가 많이 나 있는 경우에는 가압식 분무기로 잡초를 제거한다.
- 중복 살포가 되지 않도록 시간이 지나면 없어지는 색소를 섞어 사용하거나 말뚝과 줄을 이용하여 살포한 부분을 구획한다.

4) 동력 분무기로 제초제 뿌리기

- 잔디밭의 규모가 클 경우 동력 분무기로 제초제를 살포하는 것이 효율적이다.
- 균일하게 살포하기 위하여 1회에 살포하지 않고 살포 방향을 교차하면서 여러 번에 걸쳐 나누어 살포한다.

※ 제초 시 주의사항

- 잡초가 잔디밭 전체에 나지 않았을 경우에는 부분적으로 제초제를 살포한다.
- 비가 내릴 듯한 날은 피하고 바람이 없는 날 살포한다.
- 작업할 때는 긴팔 상의와 긴바지를 입고 장갑을 착용하며, 필요한 경우 안경이나 마스크도 써야 한다.
- 가을철 잡초 제거는 잡초의 씨가 맺히기 전에 해야 확산을 막을 수 있으며, 이듬해 잡초 제거를 보다 손쉽게 할 수 있다.
- 동일한 제초제를 계속 사용할 경우 같은 잡초종에서도 내성종이 발생하므로 여러 종의 제초제를 번갈아 사용한다.

(2) 약제 살포 방향

균일하게 살포하기 위하여 1회에 살포하지 않고 살포 방향을 교차하면서 여러 번에 걸쳐 나누어 살포한다.

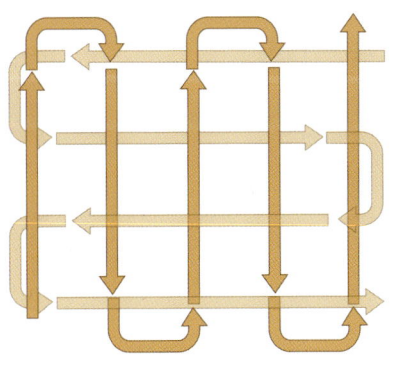

[약제 살포 방향]

(3) 시기별 제초제 사용방법

처리시기	품목명	상품명	적용잡초	사용방법	사용량(㎡당)
잔디 휴면기	디클로베닐 입제	카소론	일년생, 다년생, 화본과, 광엽잡초	토양처리	4g
	디클로베닐, 이마자퀸 입제	카이저	일년생, 다년생, 화본과, 광엽잡초	토양처리	5g
	벤설라이드 유제	론파	일년생, 화본과잡초	토양처리	3mL
잡초 발생 전	이마자퀸 입제	톤-앞	일년생, 다년생, 화본과, 광엽잡초	토양처리	6g
잡초 생육 초기	이마자퀸 입제	톤-앞	일년생, 다년생, 화본과, 광엽잡초	경엽처리	0.4mL
	플라자설퓨론 수화제	파란들	일년생, 다년생, 화본과, 광엽잡초	경엽처리	0.075mL
	디캄바 액제	반벨	토끼풀, 광엽잡초	경엽처리	0.2mL
	메코프로프 액제	엠시피피	토끼풀, 광엽잡초	경엽처리	0.5mL

09 병해관리

- 잔디의 병은 습한 환경조건에서 주로 곰팡이에 의해 발생한다.
- 잔디의 질병을 예방·치료하는 방법에는 재배적 방법과 화학적 방법이 있다.
- 잔디가 건강하게 자랄 수 있도록 적합한 환경을 제공하는 것이 가장 좋은 방제법이며, 화학적 방제법은 2차적인 방법이 되어야 한다.

1) 브라운패취(갈색엽부병, 입고병)

① 발생잔디
- 대부분의 잔디

② 특징
- 6~7월 또는 8~9월에 많이 발생한다.
- 직경 30~50cm 정도의 황갈색 병반이 있다.
- 고온다습하고 산성인 토양에 많이 발생한다.

③ 방제법
- 배수체계를 개선한다.
- 토양산도를 중성으로 교정한다.

- 적절한 수준의 칼륨비료를 사용한다.
- 과습을 피하기 위하여 저녁에 관수하지 않는다.
- 이른 아침에 일찍 이슬을 제거한다.
- 브라운패취 발생이 우려되는 환경에서는 잔디 깎는 횟수를 줄인다.

2) 라지패치

① 발생잔디 : 한국잔디류

② 특징

- 봄, 가을에 발생한다.
- 저온다습한 환경에서 발병이 조장된다.
- 지하수가 나오거나 배수로 부근 물이 정체되는 장소에 많이 발생한다.

③ 방제법

- 연1회 잔디 갱신 작업을 실시하여 통기성과 배수성이 좋도록 한다.
- 대취 누적을 방지한다.
- 질소, 인산, 칼륨의 균형을 맞추어 시비한다.
- 잔디에 기계적 손상을 방지한다.
- 4월 이전에 규산질 비료를 1회 시용한다.

3) 피시움 블라이트

① 발생잔디 : 한지형 잔디(벤트그래스에 특히 심함)

② 특징

- 병에 걸린 잎은 물에 잠긴 것처럼 땅에 붙어 있다.
- 가까이에서 냄새를 맡으면 특이한 냄새가 있다.
- 배수가 불량한 곳에 발생한다.

③ 방제법

- 배수가 잘 되도록 조성한다.
- 잔디의 뿌리까지 충분한 물이 공급되도록 관수한다.
- 대취가 2cm 이상 집적되지 않도록 제거한다.
- 무덥고 습한 날은 잔디를 깎지 않는다.

4) 녹병

① 발생잔디 : 한국잔디류, 한지형 잔디

② 특징

- 잔디의 잎에 불규칙한 적갈색의 반점이 나타난다.
- 5~6월, 9월 중순~10월 하순 등 연 2회 발생한다.
- 17~22℃ 정도의 기온에서 습윤할 경우 발생하기 쉽다.
- 질소가 부족한 지역에서 발생하기 쉽다.
- 건조, 영양결핍, 낮은 깎기 높이 등 스트레스를 많이 받는 환경에서 발생하기 쉽다.

③ 방제법

- 오전에 관수를 충분히 한다.
- 질소질 비료를 사용한다.

5) 춘고병

① 발생잔디 : 난지형 잔디

② 특징

- 3~4월에 잔디 싹이 발생함과 동시에 직경 30~50cm의 불규칙한 병반이 단독 또는 여러 개 겹쳐서 발생하며 심할 경우 그 부분은 완전히 고사한다.
- 대취 축적이 심하고 잔디 깎는 빈도가 낮은 남향의 러프에서 많이 발생한다.
- 여름철 과건조 시, 배토 과다 시 발병이 잘 된다.

③ 방제법

- 토양의 산도를 개선한다.
- 가을 배토는 되도록 일찍 실시하고 과다하지 않도록 한다.
- 대취가 축적되지 않도록 한다.

- 건조한 지역이나 배수가 잘 되는 지역은 겨울에도 정기적으로 관수한다.
- 가을에 질소질 비료를 과다하게 살포하지 않는다.

6) 탄저병

① 발생잔디 : 벤트그래스

② 특징

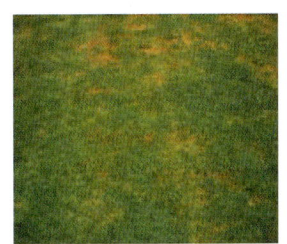

- 초기 증상은 잎이 연노란색을 띠고, 병이 진전함에 따라 하부 잎부터 적갈색으로 고사한다.
- 토양이 건조한 상태에서 잔디잎 표면이 젖어 있거나 상대습도가 높으면 오래된 하엽부위가 쉽게 감염된다.
- 고온, 답압, 인산, 칼륨의 결핍 시 발병한다.

③ 방제법 : 여름철에 엽면시비한다. (질소:인산:칼륨 = 1:2:3의 비율)

7) 설부병

① 발생잔디 : 난지형 잔디, 한지형 잔디

② 특징

- 잔디가 눈으로 덮인 채 계속해서 답압에 놓이게 되면 발생한다.
- 이른 봄에 노란색의 작은 패치가 나타난 후 갈색으로 변하면서 패치의 크기도 커진다.
- 공기의 흐름이 좋지 않거나 질소시비를 늦게 하면 병이 악화된다.

③ 방제법

- 눈이 한 곳에 쌓이지 않도록 제설작업을 실시하고 눈이 답압되지 않도록 한다.
- 배수체계를 개선한다.
- 잔디 휴면 전 6주간은 비료의 과다 사용을 피한다.

8) 훼어리링

① 발생잔디 : 대부분의 잔디

② 특징

- 20~40cm 정도의 병반이 장마기에 나타나며, 가끔 버섯도 함께 생긴다.
- 토양 중에 나무 조각이 썩으면서 발생하거나, 퇴비를 사용할 때 발생한다.

③ 방제법

- 버섯을 물리적으로 제거한다.
- 토양 20cm 깊이까지 균이 서식하므로 흙을 파내고 새로운 흙을 채운 후 잔디떼를 다시 깐다.

9) 달라스팟

① 발생잔디 : 주로 한지형 잔디

② 특징

- 잔디 잎, 줄기에 황녹색 또는 황갈색의 반점이 발생한다.
- 이른 아침 이슬이 남아 있을 때 간혹 균사를 볼 수 있다.
- 병이 진전되면 병반 주위에 보리짚 색깔의 변색부를 부분적으로 나타난다.
- 병반 크기는 직경 3~5cm의 미화 동전 모양으로 확대된다.
- 질소가 부족하고 건조한 토양에서 발생한다.
- 주로 초여름과 초가을에 발병한다.

③ 방제법

- 7월 중순경에 질소 성분을 시비($1g/m^2$)한다.
- 칼륨비료를 적정 시비한다.
- 토양산도를 교정하고 통기성과 배수를 강화한다.

Plants Management

제10장
식재공간
변화에
따른 관리

01 | 개요

- 수목은 살아 있는 생명체로서 생장하고, 꽃이 피고, 열매 맺고, 낙엽이 지는 등 끊임없이 변화하여 공간을 생기 있게 만든다.
- 수목이 생장함에 따라 밀식된 수목이 서로 겹쳐 생육이 불량해지거나, 건물의 조망을 차단하기도 하며, 여러 가지 좋지 않은 환경으로 인해 고사하기도 한다.
- 식재공간의 시간적 변화에 따른 적절한 관리를 통해 수목의 건강한 생장과 고유의 아름다움을 유지하도록 한다.

02 | 수목 성장에 따른 밀식수목 관리

- 수목식재 시 경관조성을 도모하기 위하여 밀식한 수목은 일정기간이 지나면 생육과 수형이 불량해지고, 병충해가 발생한다.
- 밀식된 수목은 이식, 제거 등을 통하여 솎아냄으로써 본래의 아름다움과 건강한 생육을 도모한다.

(1) 관리방법

- 교목의 열식 및 군식, 표준 식재간격은 6m이며, 공간 조건과 수종에 따라 4~8m 범위에서 식재간격을 조정한다.
- 가로수의 식재간격은 6~8m로 한다.
- 관목은 수관폭에 의해 식재밀도를 조정한다.
- 밀식수목의 조정은 적정한 식재간격에 따라 솎아낼 수목을 선정하여 끈으로 묶어 표시한 후 수량과 규격을 문서로 작성한다.
- 생육과 수형이 불량하여 제거할 경우 톱으로 근원부위까지 말끔하게 잘라낸다.
- 남은 수목은 전정을 통해 수형을 조절한다.
- 밀식수목의 적정 배치는 주민의 동의를 얻어 제거, 판매, 기증 등 처리방법을 정한다.

사례 1

- 수종구성 : 단풍나무, 스트로브잣나무
- 문제점 : 밀식되어 수목생육에 방해가 되고 있음

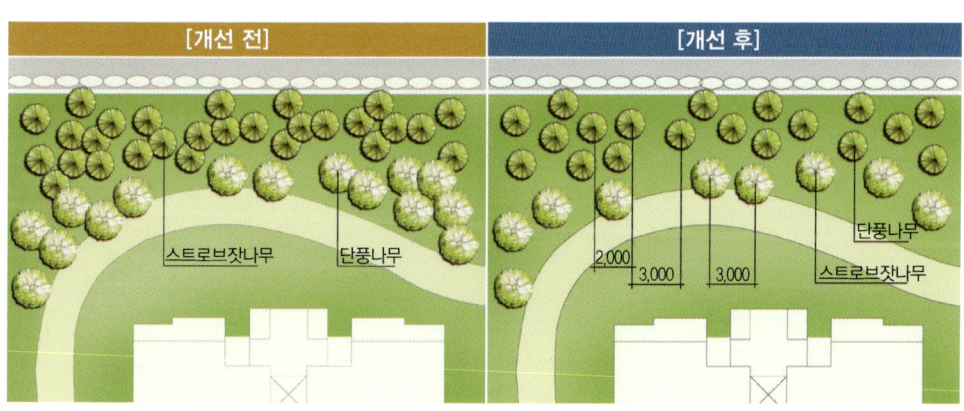

- 개선방안 : 2~3m 간격으로 배치되도록 솎아내기

사례 2

- 수종구성 : 메타세쿼이아, 산수유나무
- 문제점 : 메타세쿼이아 아래 산수유가 밀식되어 생육에 장애를 초래하고 있음

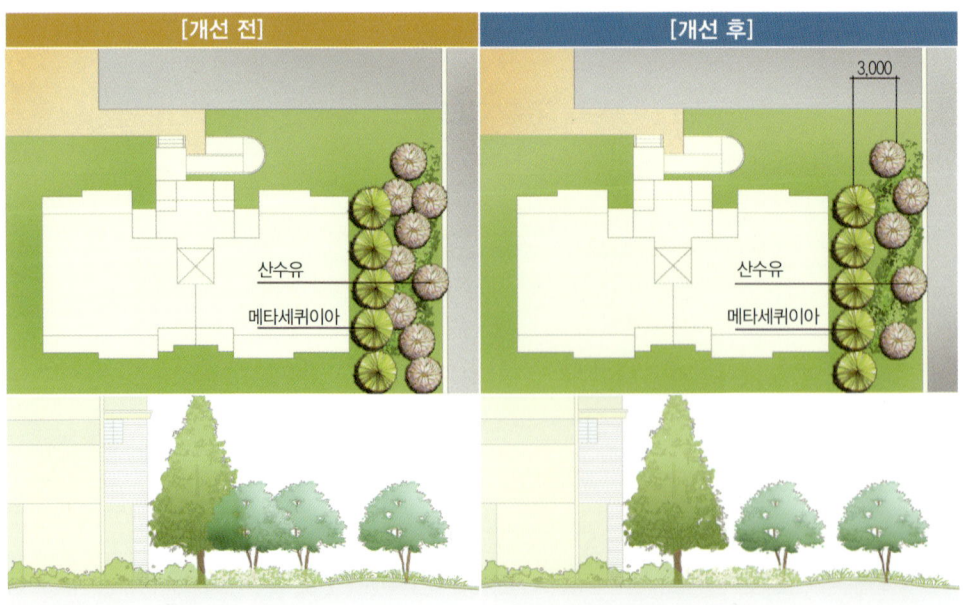

- 개선방안 : 2~3m 간격으로 배치되도록 산수유를 솎아내기

사례 3

- 수종구성 : 전나무, 꽃사과나무
- 문제점 : 전나무 아래 꽃사과나무가 밀식되어 정상적인 생육을 하지 못하고 있음

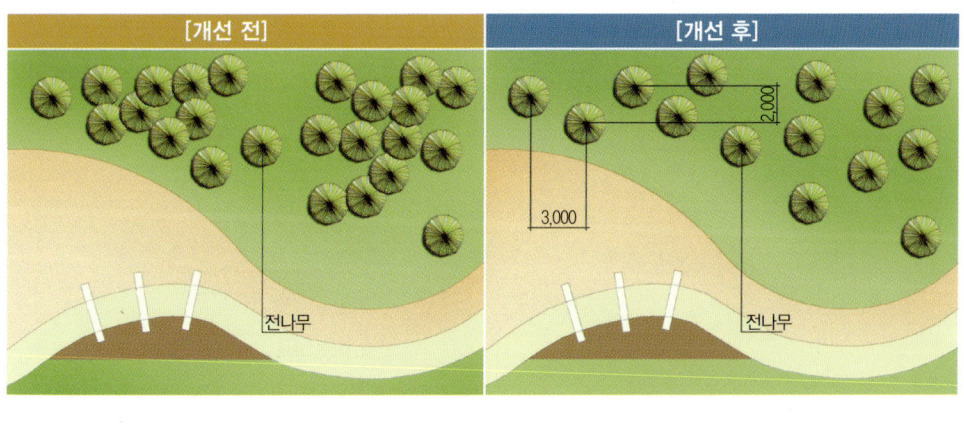

- 개선방안 : 꽃사과나무는 다른 곳으로 이식하고, 전나무는 2~3m 간격으로 솎아내기

사례 4

- 수종구성 : 전나무
- 문제점 : 모아심기 한 전나무가 밀식되어 수관이 맞닿아 수형이 흐트러질 염려가 있음

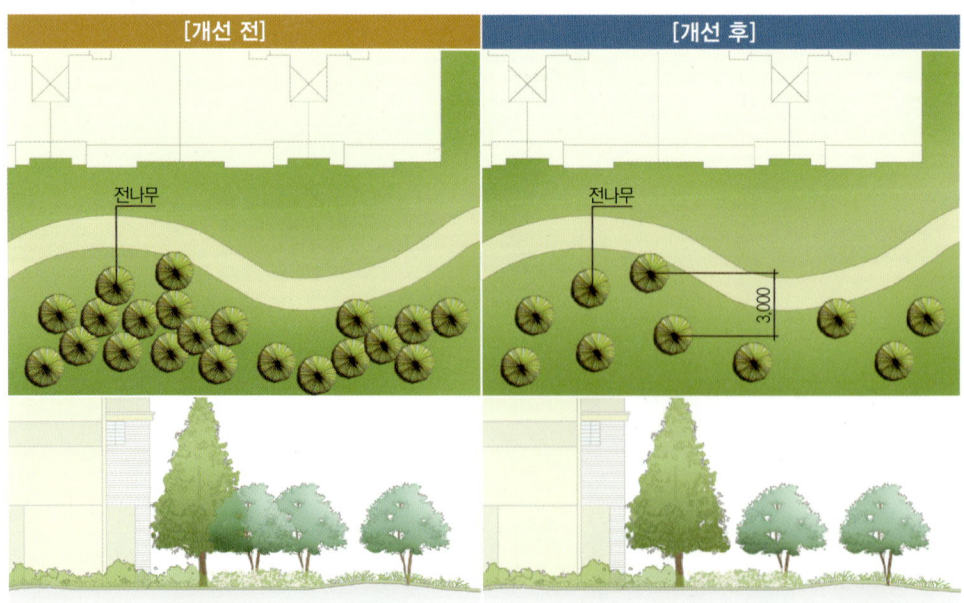

- 개선방안 : 수관이 닿지 않도록 3~4m 간격으로 솎아내기

【수목 규격에 의한 식재밀도】

구분	식재밀도(식재간격)			
	규격		식재간격	비고
교목	R8 미만	B6 미만	1~2m	• 생장속도 및 수형에 따라 1.5m 이내에서 조정 • 가로수의 식재간격은 6~8m를 원칙으로 함
	R8~R10	B6~B8	2~3m	
	R10~R12	B6~B8	3~4m	
	R12~R15	B6~B8	4~6m	
	R15~R20	B12	6~8m	
	R20 이상	B15 이상	8m 이상	
관목	수관폭		식재밀도	비고
	0.3m		16주/m^2	• 군식의 식재밀도는 수관폭에 따라 적용
	0.4m		9주/m^2	
	0.5m		6주/m^2	
	0.6m		4주/m^2	

*자료 : 서울특별시 SH공사 조경매뉴얼(2010)

03 | 수목 성장에 따른 조망차단수목 관리

공동주택의 1층세대 전면부는 사생활 보호 및 경관 연출을 위하여 정원을 조성하고 있다. 그러나 수목이 성장함에 따라 저층세대의 조망을 차단하여 종종 민원을 발생시키고 있다.

(1) 관리방법

- 느티나무나 메타세쿼이아와 같이 키가 크고 빨리 자라는 나무는 주민의 동의를 얻어 제거하거나 이식한다.
- 통풍과 채광을 위한 전정을 주기적으로 실시하며, 건물 쪽으로 뻗은 가지는 제거한다.
- 키가 작고 꽃과 열매를 가까이에서 볼 수 있는 화목류와 관목 위주로 식재한다.
- 주목, 반송 등은 거실에서의 시야를 고려하여 배치한다.

사례 1

- 수종구성 : 느티나무, 모과나무, 단풍나무
- 문제점 : 거실 앞 화단에 느티나무가 식재되어 시야를 가리고 그늘 발생 일부 가지를 절단해 불균형한 수형으로 변형되어 경관을 저해하고 있음

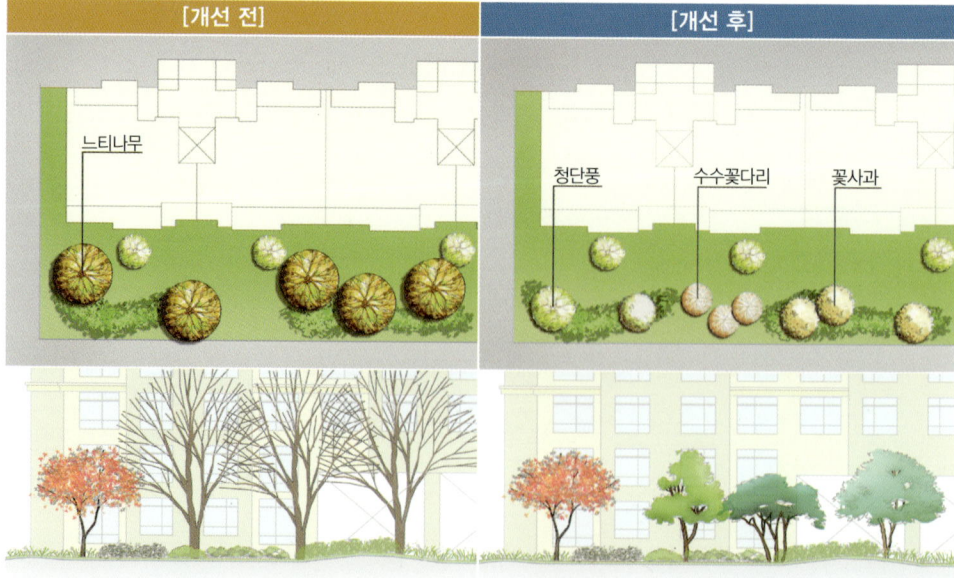

- 개선방안 : 느티나무를 다른 장소로 이식하거나 제거 후 키가 낮은 유실수, 수수꽃다리, 꽃사과, 청단풍 및 화관목 식재

사례 2

- 수종구성 : 전나무, 가이즈까향나무
- 문제점 : 대교목인 전나무가 거실 앞 창 가까이 식재되어 시야를 차단하고, 그늘 발생 전나무 성장 시 수관이 건물에 닿게 되어 불균형한 수형 초래

- 개선방안 : 전나무 이식 또는 제거 후 소교목 또는 관목 식재

【주택 전면부에 도입 가능한 수목】

구분	수목
상록수	둥근소나무, 반송, 섬잣나무, 주목, 서양측백(낮은 울타리용)
낙엽수	감나무, 꽃복숭아, 꽃사과, 매화나무, 모과나무, 산수유, 살구나무, 단풍나무, 홍단풍, 수수꽃다리, 낙상홍, 작살나무, 피라칸다, 덜꿩나무, 가막살나무, 남천

04 | 수목 하부 식생관리

(1) 수목 하부의 환경

- 수목 하부는 가지와 잎의 그늘로 인하여 음지나 반음지 상태인 경우가 많다.
- 수목과 하부 식생은 양분과 수분의 흡수를 위해 서로 경합한다.
- 답압으로 인하여 토양이 딱딱해지기 쉽다.
- 타감작용(allelopathy)으로 하부 식생의 생육이 억제된다.

> ※ 타감작용(allelopathy)
> - 식물이 화학물질을 배출하여 자신은 아무런 영향을 받지 않으나 다른 인접 식물에게는 해를 끼치는 작용을 말하며, 피톤치드는 대표적인 타감물질이다.

(2) 수목 하부 식생관리

- 음지에서 생육할 수 있는 식물을 식재한다.
- 수목 뿌리권의 잔디는 제거한 후 멀칭하거나, 내음성이 강한 잔디를 식재한다.
- 멀칭재료는 바크, 자갈, 마사토 등 미관을 향상시키는 재료를 사용한다.
- 멀칭방법은 고르게 깔고 깊이는 5~15cm 범위로 한다.

【음지에 적합한 식물】

구분	식물명
관목	둥근주목, 백철쭉, 산수국, 자산홍, 화살나무,
초화류	관중, 꽃무릇, 꽃향유, 동자꽃, 맥문동, 복수초, 사사, 수선화, 수호초, 실유카, 옥잠화, 은방울꽃, 조릿대
잔디	파인훼스큐, 러프블루글래스

사례 1

- 수종구성 : 잔디, 복숭아나무, 주목
- 문제점 : 나무 그늘과 건물 북사면으로 인해 잔디 고사, 잡초 발생

[개선 전]   [개선 후]

맥문동, 각시둥글레, 괭이눈
사사, 호스타, 앵초 등 식재

- 개선방안 : 내음성이 강한 맥문동, 각시둥글레, 괭이눈, 사사, 스타, 앵초 등을 식재하고 일부는 바크 등으로 멀칭

사례 2

- 수종구성 : 소나무, 전나무, 영산홍
- 문제점 : 나무 그늘로 인해 잔디가 고사
  경사면에 강우 시 토사가 유출되어 보행로 통행에 지장을 초래함

- 개선방안 : 내음성이 강한 맥문동, 옥잠화, 비비추, 섬기린초 등을 식재

【멀칭재료】

구분	종류
유기질 재료	바크(나무껍질), 우드칩, 왕겨, 볏짚, 잔디 깎은 풀, 솔잎, 톱밥, 펄프, 이탄이끼
광물질 재료	왕모래, 마사토, 돌조각, 자갈, 조약돌
합성 재료	토목섬유, 폴리프로필렌 부직포, 폴리에틸렌 필름(비닐)

＊자료 : 서울특별시 SH공사 조경매뉴얼(2010), p Ⅳ-79

[솔잎멀칭]   [자갈멀칭]

[바크멀칭]   [마사토멀칭]

＊자료 : 수목환경관리학(2009), pp 213~214.

05 | 고사수목 관리

(1) 고사수목 제거

- 고사수목은 정원의 미관을 해치고, 병충해 발생의 원인이 되며, 방치할 경우 도복의 위험이 있다.
- 제거 시에는 톱으로 근원부위에서 자르고, 수간과 가지를 정리하여 반출한다.
- 건물이나 도로 쪽으로 쓰러질 우려가 있는 수목은 로프로 매고 반대쪽에서 고정한 후 절단하여 천천히 내린다.

사례 1

- 수종구성 : 섬잣나무, 자작나무
- 문제점 : 고사목 발생
- 개선방안 : 고사목 발생 즉시 제거

사례 2

- 수종구성 : 전나무
- 문제점 : 고사목 발생
- 개선방안 : 전나무 3주를 청단풍 등 소교목 또는 화관목으로 교체

사례 3

- 수종구성 : 반송, 산딸나무, 단풍나무
- 문제점 : 단풍나무 등 그늘로 고사목 발생
- 개선방안 : 고사목 제거 후 보식

사례 4

- 수종구성 : 전나무
- 문제점 : 벽면 가까이 식재되어 일조 및 통기불량으로 벽측 가지 일부 고사
- 개선방안 : 내음성이 강한 수목으로 교체

사례 5

- 수종구성 : 소나무
- 문제점 : 부적기 식재로 고사하여 경관 저해
- 개선방안 : 소나무 교체 식재

사례 6

- 수종구성 : 주목, 느티나무
- 문제점 : 콘크리트 벽면을 차폐하고 고층건물의 위압감을 완화하기 위해 열식한 주목이 느티나무 그늘로 인해 고사
- 개선방안 : 잔존해 있는 주목 2주를 다른 곳으로 이식하고 등반재 설치 후 담쟁이덩굴, 으름덩굴, 송악 등 식재

(2) 고사수목 교체

고사수목의 교체 시에는 고사원인을 체크하여 보완 수정한 후 새로운 수목을 식재한다.

【고사수목 교체 시 체크리스트】

고사원인	고사수목 교체 시 체크리스트
생육한계선 적용	▶ 식재할 수종이 중부지방 수종인가? 남부지방 수종인가?
	기후대에 맞는 수종 식재
생태적 특성	▶ 식재할 장소가 양지인가? 음지인가?
	생태적 특성에 맞는 식재
생장환경	▶ 식재할 장소에 장애물이 있는가?
	장애물을 피하여 식재 또는 작은 나무 식재
배수체계	▶ 배수가 불량한 토양인가?
	자갈이나 유공관 등 암거배수 처리를 하고 높이 올려 식재
답압	▶ 보행자가 녹지대 내부로 침입하는 동선인가?
	통행이 불가피한 곳이라면 보행로를 마련해주고 다른 장소에 식재
토심	▶ 수목 규격에 맞는 토심이 확보되어 있는가?
	토심이 확보되지 않는 곳은 성토를 하여 식재 또는 작은 나무 식재
토양	▶ 수목 생육에 적합한 토양인가?
	수목이 생육하기에 적합한 사질양토로 객토하여 식재

Plants Management

부록

용어 해설

가지그루터기
가지를 제거한 후에 가지깃 위에 남아 있는 가지를 말함

가지깃
가지의 밑부분을 둘러싸면서 부풀어오른 부분을 말함

경관
① 경치 ② 특색 있는 풍경 형태를 가진 일정한 지역

경엽
식물체의 잎과 줄기

경운
땅을 갈아 작물이 자라기 좋게 해주는 작업

경합
생물 간에 일어나는 영양소·산소·수분·광선 또는 공간 등의 경쟁

공극
① 토양용적 중 고형입자나 액체가 차지하고 있지 않는 부분
② 식물 잎의 기공과 공변세포 사이의 작은 공간

관목
높이가 2m 이내이고 주줄기가 분명하지 않으며 밑동이나 땅속 부분에서부터 줄기가 갈라져 나는 나무

광합성
녹색식물이 빛 에너지를 이용해 이산화탄소와 물로부터 유기물을 합성하는 작용

교차지
다른 가지와 교차되어 있는 가지

군식
모아심기

기비
작물을 파종·이앙 및 이식하기 전에 시용하는 비료

꽃눈
자라서 꽃이 될 눈으로 잎눈보다 짧고 통통함

낙엽수
잎의 수명이 1년이 채 안 되어 잎을 가지지 않는, 계절이 있는 수목이다.

내한성
생물이 추위(저온)에 견디며 생존할 수 있는 성질

냉해
식물의 생육기간 중 주로 봄과 가을에 낮은 온도에서 나타나는 저온 피해

노거수(老巨樹)
나무의 수령이 오래된 당산목, 풍치목, 정자목 등의 나무

단순비료(단비)
질소, 인산, 칼륨 중 한 가지 성분만 가지고 있는 비료

답압(踏壓)
인간이나 장비 등에 의한 토양 고결(固結) 현상

대목
접목 시 접수를 붙이는 쪽의 나무

대부현상
접목을 했을 때 대목부위가 접수부위보다 가늘어지는 현상

대생지
마디마다 두 개씩 마주 붙어서 나는 가지

대승(臺勝)현상
접목을 했을 때 접수부위가 대목부위보다 가늘어지는 현상

대취
잔디 토양 중에 잎, 줄기 및 뿌리 등의 조직이 노화되면서 아직 분해가 되지 않아 쌓여 있는 유기물층

대화현상
줄기의 일부가 이상적으로 편평하게 된 기형

도복
수직된 위치 또는 처음 위치에서 엎어지는 것과 같은 식물의 탄력(彈力)이 없는 변형. 작물이 땅 표면 쪽으로 쓰러지는 것

도장지(徒長枝)
다른 가지에 비해 힘이 강하여 위를 향하여 길게 자란 가지

동해
한겨울 빙점 이하에서 나타나는 식물의 피해

로제트형
짧은 줄기의 끝에서부터 사방으로 나는 잎들을 말하며, 민들레 등이 대표적임

마디
줄기에서 가지가 붙어 있는 곳 또는 한 가지가 다른 가지와 붙어 있는 곳

만경식물
덩굴성 식물

맹아
부정기적인 눈

맹아지
정상적인 눈에서 발달한 가지가 아닌, 잠아 혹은 부정아에서 발달한 움가지

멀칭(mulching)
토양의 표면을 어떤 물질로 덮는 것을 말하며, 잡초의 발생을 억제하고 미관을 향상시키는 기능을 함

무기양분
필수원소 중 탄소와 산소는 공기 중의

이산화탄소로부터, 수소는 물로부터 공급받는다. 그 밖의 원소는 토양으로부터 공급받으며, 이러한 원소를 무기양분이라고 함

무기질비료
비료 성분이 무기화합물의 형태로 함유되어 있는 비료를 말하며, 대부분 화학적 공정에 의해 제조된 화학비료

박피(剝皮)
수피를 제거하는 것

발아
씨눈으로부터 싹이 트는 것. 씨앗이나 포자가 활동을 시작하여 새 식물체가 껍질을 찢고 나오는 현상

방풍
강한 바람에 의한 농작물의 피해를 막기 위한 조치

보비력(保肥力)
땅이 비료성분을 오래 지니는 정도

보수력
토양은 흡착력 또는 모세관장력 등의 흡인력으로 수분을 보관할 수 있는데, 이 흡인력에 따른 토양 수분 함량을 중량백분율 또는 용량백분율 등으로 표시한 것으로서, 수분장력에 따라 그 값이 다름

복합비료(복비)
두 가지 성분 이상을 가지고 있는 비료

부정아
보통 싹이 나지 않는 곳에서 나는 눈

부주지
주지에서 분지된 두 번째로 굵은 가지

비료
식물에 영양을 주거나 식물의 재배를 돕기 위하여 토양이나 식물에 공급되는 물질

비전염성 병
극단적인 온도, 부적합한 생육환경과 같은 비생물적 요인에 의하여 일어나는 병

미생물살충제
해충에 기생하여 이를 사멸시키는 세균이나 바이러스 등 천적미생물을 해충방제 목적으로 제제화한 것

상록수
계절에 관계없이 잎의 색이 항상 푸른 나무

상열(Frost crack, 霜裂)
겨울철 수간이 동결하는 과정에서 바깥쪽의 변재부위가 안쪽에 단열되어 있는 심재부위보다 더 심하게 수축함하여 두 부위 간 수축불균형으로 생기는 장력 때문에 종축방향으로 갈라지는 현상

상향지
나무의 가지가 위를 향하여 곧게 자란 가지

생석회
탄산석회(석회석)를 소성하여 만든 석회질 비료(CaO)

생육한계온도
식물의 생육을 제한하는 임계온도

생태
유기체가 생존을 유지해가는 데 영향을 미치는 환경

서릿발
초겨울 혹은 이른 봄에 습기가 많은 땅에 서리가 내리면서 표면의 흙이 위로 솟아오르는 현상

세근
작은 뿌리. 뿌리에서 갈라진 가는 가지 뿌리

세포막
세포와 세포 외부를 경계 짓는 막으로 세포 내의 물질들을 보호하고 세포 간 물질 이동을 조절함

세포벽
세포를 외부로부터 보호하고 세포의 모양을 유지하도록 하는 벽

소석회
생석회(CaO)가 물과 반응·소화되어 생긴 수산화물[$Ca(OH)_2$]로 가수석회 또는 수산화석회라고도 함

속효성
물에 잘 녹아 작물이 쉽게 흡수할 수 있는 양분의 형태로 가용화되기 쉬운 성질

수간
나무줄기. 지엽(枝葉)을 제외한 밑둥에서 위까지의 부분

수관
나무의 가지와 잎이 달려 있는 부분

수관폭
수관의 직경

수피
나무줄기의 코르크 형성층보다 바깥 조직을 말함

수형
수목의 뿌리·줄기·가지·잎 등이 종합적으로 나타내는 외형

시비
수목의 생장을 촉진하기 위해 비료성분을 공급하는 것

식재
식물을 심어 재배함 또는 나무를 심어 가꾸는 일. 재식

신초지
겨울눈이 그해에 가지로 자란 것

심토(心土)
경운된 부분을 작토(作土)라 하는데, 그 밑에 있는 토층

양이온 치환용량
토양교질 표면의 이온확산층에 흡착되어 있는 양이온과 용액 중의 유리 양이온들 간의 자리바꿈이 생기는 현상

어박(魚粕)
동물성 유기질비료의 일종. 어류의 찌꺼기를 자숙, 압착, 건조, 분쇄하여 만듦

역지(逆枝)
수관 안으로 향하여 자라는 가지

엽록소
광합성을 하는 생물에 있는 녹색 색소. 클로로필이라고도 함

엽록체
녹색식물 잎의 세포에 들어있는 세포소기관으로, 광합성이 이루어지는 장소

엽면시비
식물의 뿌리가 정상적으로 비료 흡수를 못할 때 질소 또는 미량원소의 액비를 식물의 잎 표면에 직접 살포하는 것

엽소
고온에 의해 잎의 가장자리부터 갈색으로 마르는 현상

옹두리
나뭇가지가 부러지거나 상한 자리에 결이 맺혀 혹처럼 불통해진 것

용탈(溶脫)
토양 중의 어떤 성분이 물에 녹아, 물의 하강운동에 따라서 하층으로 이동하는 것

원형질막
세포의 원형질을 싸고 있는 막으로, 동물세포에서는 이 막이 직접 외계에 접하고 있으나, 식물세포에서는 그 막의 외측에 세포벽이 있음

유관속
식물체에 필요한 물과 양분의 이동통로로 뿌리, 줄기, 잎맥으로 연결되어 있음

유기질비료
생물체의 찌꺼기, 즉 유기물을 발효시켜서 만든 비료

유박(油粕)
깨묵, 참깨, 들깨 등의 기름작물에서 기름을 짜고 남은 찌꺼기

유상조직
식물체가 상처를 입었을 때 생기는 유합조직

윤생지
돌아가면서 난 곁가지

입단(粒團)
자연적으로 생성된 토양구조 단위. 크기는 10mm 이하 입단화. 토양입자(모래,

미사, 점토)가 분비물 및 미생물 활동으로 자연적으로 결합되는 현상

잎눈
자라서 잎이나 가지가 될 눈

잠아(潛芽)
줄기 밑에서 드러나지 않는 눈으로 발달하지 않고 그냥 있다가 근처의 가지나 줄기가 절단되면 발달됨

적심(摘心)
생육 중인 작물의 줄기 또는 가지의 선단, 즉 생장점을 전제하는 것

적아(摘芽)
겨울을 지난 눈에서 잎이나 줄기가 나오려 할 때 필요하지 않은 눈을 따주는 것

전류
식물체의 한 부분에서 만들어진 물질이 체관을 통해 다른 부위로 이동하는 것

전정
목적에 맞는 수형 유지, 건전한 생육 도모, 개화결실 촉진 등을 위하여 수목의 일부를 잘라주는 것

전착제
제초제를 희석할 때 약액이 엽면에 넓게 퍼져 부착하게 하고, 체내에 잘 침투하도록 사용하는 보조제

전해질
어떤 물질과 융합하거나 용액에 녹을 때 이온으로 분해되는 물질로서 전기를 전달할 수 있는 능력

절간
마디와 마디 사이

점각
점으로 된 무늬

정아
가지 끝에서 나는 눈

정아우세(頂芽優勢) 현상
정아에서 생성된 오옥신이 정아의 생장은 촉진하나 아래로 확산하여 측아의 발달을 억제하는 현상

조형
자연의 힘이나 인공의 힘을 이용해 구체적인 형태를 만드는 일

조효소
효소분자보다 훨씬 작은 유기화합물이며 효소에 활성을 부여하는 기능이 있음

주지(主枝)
주간으로 분지된 가장 굵은 가지

주형
수직형의 줄기생장만 하는 것

중복지
줄기나 가지의 분지점에서 2개의 가지가 나와 있는 것

증산
식물체 내(주로 잎)에서 수분이 증발하는 것

지피융기선(枝皮隆起線)
줄기와 가지가 갈라지는 곳에 수피가 솟아오른 부분

지하경
옆으로 포복하는 줄기가 있지만 지상부가 아닌 지하부로만 퍼져 가는 줄기가 있는 것

지하고
가지가 없는 줄기부분의 높이

지효성
약제 및 비료의 효과가 늦은 성질

차폐
공간의 어느 영역에 대해 외부로부터 차단하는 것

추비(追肥)
작물의 생육 도중에 주는 비료

측아(側芽)
가지의 옆에 달리는 눈

측지
옆으로 뻗어 나온 가지의 곁가지

침엽수
식물분류학상 겉씨식물 중에서 구과식물(毬果植物)에 속하는 수목. 잎이 대개 바늘같이 뾰족하지만 나한송과 같이 잎이 넓은 것도 있음

킬레이트(Chelate)
수소결합, 배위결합 등에 의해 금속원자를 게가 양쪽 집게발로 잡은 것과 같은 모양으로 결합하는 화학구조를 갖는 화합물. 금속이온의 이온으로서의 작용을 억제하는 성질을 이용하여 세척제, 안정제, 청관제, 경수연화제 등으로 이용됨

타감작용
식물이 화학물질을 배출하여 자신은 아무런 영향을 받지 않으나 다른 인접 식물에게는 해를 끼치는 작용

토성
토양 알갱이의 크기에 따라 점토, 미사(微砂), 모래 등의 세 가지로 나누고 이들의 함량비율에 따라 토성이 정해지는데 사토, 사양토, 식토 등 12개 토성으로 구분됨

토피어리(Topiary)
조경수목을 전정하여 기하학적 형태나 동물 모양 등 원하는 형태로 수목을 만드는 것

통기성
① 흙 속에서 발생하는 CO_2와 공기 중의 O_2가 교환되는 정도. 통기가 불량한 경우 근모의 발달이 나빠 양분 및 수분 흡수가 떨어지는 등 생육이 불량해짐
② 직물의 양측에 공기의 압력차가 있을 때, 기공을 통해 공기가 통과하는 것

팽압(膨壓)
① 식물세포 내의 액체가 바깥쪽으로 팽창하는 힘, 압력
② 세포의 내압과 외압의 차이에 의해 세포벽에 발생하는 압력

평행지
위아래로 나란히 자란 가지

포복경(匍匐莖)
수직방향뿐 아니라 지상부로 포복하는 줄기를 통해서 생육하는 것

표토
지표면을 이루는 토양

피소(皮素)
수피가 여름철 햇빛과 열에 의해 타서 형성층 조직이 죽어 벗겨지고, 그 속의 목부조직이 노출되는 현상

하향지
아랫방향으로 자란 가지

핵산
모든 생물의 세포 속에 들어 있는 고분자 유기물의 한 종류

핵염색체
세포분열 시 핵 속에 나타나는 긴 막대 모양의 구조물로, 유전물질을 담고 있음

호흡
산소를 들이마시고 이산화탄소를 내보내는 가스교환을 통하여 생물들이 유기물을 분해하여 생활에 필요한 에너지를 만드는 작용

활엽수
평평하고 넓은 잎이 달리는 나무의 총칭으로, 분류상은 속씨식물 중에서 쌍떡잎식물류에 속하는 나무

활착
삽목·접목·이식 등을 한 식물이 서로 붙거나 뿌리를 내려 삶. 옮겨 심은 모나 나무가 생존하는 상태

효소
살아 있는 세포에 의해 만들어지는 단백질 분자로 생화학 반응의 촉매 작용을 함

휴면
성숙한 종자 또는 식물체에 적당한 환경조건을 주어도 일정기간 발아·발육·성장이 일시적으로 정지해 있는 상태

μm
마이크로미터. 미터의 백만분의 일

참고문헌

01. 강전유(2006), 나무종합병원 발간자료집, 동화
02. 강전유(2008), 나무병해도감, 소담출판사
03. 강전유(2008), 나무의 피해 진단 및 치료, 생각하는 백성
04. 강전유(2008), 나무충해도감, 소담출판사
05. 강태호(2008), 조경재료적산학, 기문당
06. 고경식(2004), 수목의 관찰&검색, 일진사
07. 구자옥(1995), 잡초방제학, 향문사
08. 구자옥(1999), 잡초생태학, 향문사
09. 국립수목원(2011), 식별이 쉬운 나무도감, 지오북
10. 김경남(2006), 잔디학개론, 삼육대학교출판부
11. 김경남(2011), 잔디관리론, 삼육대학교출판부
12. 김광래(1986), 조경관리학, 대한교과서주식회사
13. 김길웅(2003), 잡초방제학원론, 경북대학교출판부
14. 김용식(2006), 최신조경식물학, 광일문화사
15. 김용식 외 6명(2004), 한국조경수목핸드북, 광일문화사
16. 김종완(2005), 신식물병리학, 대구대학교출판부
17. 김진우(2004), 토양비료개론, 선진문화사
18. 김태진(2008), 가드닝 실무 나만의 명품 정원, 경기농림진흥재단
19. 김형기(1991), 잔디학, 선진문화사
20. 김형기(2010), 잔디학과 골프장, 선진문화사
21. 김호준(1995), 제초제에 의한 수목의 피해와 관리, 한국잔디연구소
22. 김호준(2009), 골프코스 조경수목 병해충 전문관리, 한국잔디연구소
23. 김호준(2009), 수목환경관리학, 그린과학기술원
24. 나용준(2009), 조경수 병해충 도감, 서울대학교출판문화원
25. 농약공업협회(2007), 농약사용지침서, 삼정인쇄공사
26. 농촌진흥청(2000), 잡초방제기술, 농촌진흥청
27. 농촌진흥청(2002), 올바른 비료사용법, 농촌진흥청

28. 농촌진흥청(2007), 잡초 관리 길잡이, 농경과 원예
29. 농촌진흥청(2008), 식물병해충도감, 학술편수관
30. 로버트 밀러(2011), 도시임학, 월드사이언스
31. 박종성(1995), 식물병리학, 향문사
32. 배호영(2003), 선형녹화와 가로수, 도서출판 국제
33. 백수봉(2003), 신고보호학, 선진문화사
34. 백운하(1996), 신고해충학, 향문사
35. 송재손(2000), 정원과 조경, 오성출판사
36. 송홍선(1996), 한국의 나무 문화, 문예산책
37. 아그리오스(2006), 식물병리학, 월드사이언스
38. 안영희(2011), 조경생태학, 태림문화사
39. 알렉스 L. 샤이고/이규화 옮김(2005), 올바른 나무 전정, 아인북스
40. 양추충(1995), 토양과 비료 : 응용개념과 요령, 한국원예기술정보센터
41. 양환승(1987), 신제잡초방제학, 향문사
42. 양환승(1990), 신농약학, 향문사
43. 에버랜드(2006), 조경관리지침, 에버랜드
44. 오경아(2010), 영국 정원 산책, 디자인하우스
45. 오대민 외(2006), 자연과의 만남으로 나와 세상을 치유하는 도시농업, 학지사
46. 오세환(2000), 흙 살리기와 시비기술, 농협중앙회 영농자재부
47. 윤주복(2010), 나무해설도감, 진선books
48. 이경준(2002), 조경수 식재관리기술, 서울대학교 출판부
49. 이경준(2008), 조경수 관리기술, 서울대학교 농업생명과학대학 식물병원
50. 이데 히사토 외(2000), 녹지생태학, 태림문화사
51. 이동혁, 제갈영(2008), 우리나라 나무이야기, 이비락
52. 이범영(2002), 한국수목해충, 성안당
53. 이상석(2006), 정원 만들기, 일조각
54. 이선(2006), 우리와 함께 살아온 나무와 꽃, 수류산방중심
55. 이정석(2010), 새로운 한국수목 대백과 도감 上, 학술정보센터
56. 이정석(2010), 새로운 한국수목 대백과 도감 下, 학술정보센터
57. 임명순(1999), 과수원 토양관리와 비료, 세명문화사
58. 임선욱(2006), 비료학, 일신사
59. 임업시험원(1995), 한국수목해충목록집, ㈜계문사
60. 임업연구원(1991), 수목병해충도감, 수목병해충도감

61. 임업연구원(1995), 한국수목병명목록집, ㈜계문사
62. 장형태(2011), 지피식물도감, 숲길
63. 전국귀농운동본부 텃밭보급소(2011), 도시농업 : 도시농사꾼이 알아야 할 모든 것, 들녘
64. 조경연구회 저(2011), 조경기사 산업기사(2011), 성안당
65. 차건성(2000), 접목과 삽목, 오성출판사
66. 차병진(2003), 환경 이상과 식물 장해, 도서출판 개신
67. 최상범(2004), 원예조경식물의 학명, 동국대학교출판부
68. 한국조경학회(2007), 조경설계기준, 한국조경학회
69. 한국조경학회(2002), 조경관리학, 문운당
70. 한국환경복원녹화기술학회(2003), 녹을 창조하는 식재기반, 보문당
71. 현재선(1994), 농림해충학총론, 서울대학교출판부
72. 현재선(2008), 종합적 해충관리학개론, 월드사이언스
73. 황병국(2001), 식물의학, 탐구당
74. Taisai(2008), 수목의 진단과 조치, 두양사
75. American Horticultural Society(2009), American Horticultural Society New Encyclopedia of Gardening Techniques, Mitchell Beazley (October 15, 2009)
76. Brickell(1996), pruning & training, DORLING KINDERSLEY
77. Butin(1995), tree diseases and disorders, Oxford University press
78. Christopher Brickell · David joyce(1996), American Horticultural Society Pruning & Training (American Horticultural Society Practical Guides), DK ADULT
79. Christopher Brickell · David joyce(2004), American Horticultural Society A to Z Encyclopedia of Garden Plants (The American Horticultural Society), DK ADULT; Revised edition (October 18, 2004)
80. Dreistadt(1994), pest of landscape trees, University of California
81. Harris(2004), arboriculture, Prentice Hall
82. Larry Keesen(1995), The Complete Irrigation Workbook: Design, Installation, Maintenance & Water Management, GIE Media, Inc. (May 1, 1995)
83. Lilly(2010), arborist's certification study guide, International society of arboriculture
84. Michael A. Dirr(1998), manual of woody landscape plants, Stipes Pub Llc; 6 Revised edition
85. Richard W. Harris · James R. Clark · Nelda P. Matheny(2003), Arboriculture: Integrated Management of Landscape Trees, Shrubs, and Vines (4th Edition),

Prentice Hall; 4 edition (January 26, 2003)
86. Sinclair(2005), diseases of trees and shrubs, Cornell University Press
87. 講談社(2008), ガーデン植物大図鑑 [大型本], 講談社
88. 峰岸 正樹(2001), 庭木の自然風剪定, 農山漁村文化協会
89. 濱野 周泰(2006), 大人の園芸 庭木 花木 果樹, 小学館
90. 石川格(1979), 圖解 庭木・花木の手入れ12カ月, 成文堂新光社
91. 石川格(1995), 庭木花木の整姿,剪定, 成文堂新光社
92. 船越 亮二(2010), カラー図解 庭木の手入れコツのコツ, 農山漁村文化協会
93. 矢口 行雄(2009), 樹木医が教える緑化樹木事典―病気・虫害・管理のコツがすぐわかる!, 誠文堂新光社
94. 玉崎 弘志(2008), はじめての庭木・花木の剪定と手入れ, ナツメ社
95. 日本造園組合連合会(2008), ビジュアル版 庭師の知恵袋 (今日から使えるシリーズ), 講談社
96. 日本造園組合連合會(1996), 庭木の剪定と整姿小百科, 日本文藝社
97. 川原田 邦彦(2004), 図解でハッキリわかる落葉樹・常緑樹の整枝と剪定, 永岡書店

정원관리매뉴얼

【연구원】
- 노송호(서울특별시 SH공사 조경파트장)
- 박노복(한국농수산대학 화훼학과 교수)
- 정용조(경남과학기술대학교 조경학과 겸임교수)
- 염하정(한국농수산대학 연구원)

【자문위원】
- 김호준(그린과학기술원 원장)
- 곽은주(전정 전문가)
- 박남일(한국잔디연구소 박사)
- 박정임(한경대학교 겸임교수)
- 변재경(한국임업진흥원 특별관리임산물본부 본부장)
- 신상섭(우석대학교 조경학과 교수)
- 이진희(상명대학교 조경학과 교수)
- 이상현(산림과학원 박사)
- 이승제(서울나무병원 병원장)
- 장덕환(한국잔디연구소 책임연구원)
- 정운익(레인보우스케이프 대표)
- 최봉수(수락산조경 대표)
- 최원일(산림과학원 박사)
- 황제복(국립식량과학원 박사)

【사진 제공】
- 김호준(그린과학기술원 원장)
- 이승제(서울나무병원 병원장)